SUN PROTECTION BIBLE

护肤品全解码

防晒宝书

打响你的肌肤保卫战！

Kenji／著

人民邮电出版社
北京

图书在版编目（CIP）数据

防晒宝书 : 打响你的肌肤保卫战! / Kenji著. --
北京 : 人民邮电出版社, 2017.6（2017.6重印）
（护肤品全解码）
ISBN 978-7-115-45445-4

Ⅰ. ①防… Ⅱ. ①K… Ⅲ. ①防晒用皮肤化妆品－基本知识 Ⅳ. ①TQ658.2

中国版本图书馆CIP数据核字(2017)第088224号

内 容 提 要

通过阅读本书，你会详细地了解到关于紫外线及皮肤防护措施的具体内容。书中强调的是"每日防晒"的概念，意味着每天进行紫外线防护，才能使皮肤真正受益。同时本书有一部分很重要的内容，就是在"防晒法则"的章节里，从不同的角度着重强调，只有护肤与防晒措施充分结合，方可起到事半功倍的效果。本书将帮助大家从源头上解决皮肤防晒的困扰和问题。

◆ 著　　　　Kenji
责任编辑　宁　茜
责任印制　周昇亮
◆ 人民邮电出版社出版发行　　北京市丰台区成寿寺路 11 号
邮编　100164　　电子邮件　315@ptpress.com.cn
网址　http://www.ptpress.com.cn
北京瑞禾彩色印刷有限公司印刷
◆ 开本：787×1092　1/16
印张：8.5　　　　2017 年 6 月第 1 版
字数：116 千字　　　　2017 年 6 月北京第 2 次印刷

定价：39.00 元

读者服务热线：(010)81055339　印装质量热线：(010)81055316
反盗版热线：(010)81055315
广告经营许可证：京东工商广登字 20170147 号

防晒也能写成一本书？相信很多人都有同样的疑惑，防晒不是夏天在海边玩的时候涂上防晒霜就可以了吗？我接触这个行业这么长时间以来，发现不少人用着昂贵的护肤品，定期去美容院或医疗美容机构报到，却忽视了最基本的防晒工作。

紫外线是皮肤老化的最重要的外界影响因素，就算你并没有刻意去和阳光做亲密接触，但是无所不在的紫外线是一个看不见的杀手，比较一下脸部与上臂内侧的皮肤的细致程度和肤色，你就知道日积月累的紫外线伤害究竟对你的皮肤做了什么。

“少壮不防晒，老大徒伤悲”，如果我们能在青少年时期就注意避免过度接受紫外线辐射的话，我们会显著推迟皮肤光老化的到来。所幸的是，已经积累的光老化，也可以通过规律的日常防晒减缓甚至逆转，所以，从今天开始认真防晒，对于皮肤美容来说并不会太晚。

希望这本书能真正为大家从源头上解决皮肤的困扰和问题。

Kenji

2017.3.15

序 FOREWORD

当上一本书《护肤品全解码》荣登当当、亚马逊等网络平台的时尚板块榜首之时，Kenji与我既兴奋，又有一丝焦虑，焦虑的是，我们下一本书做什么选题才对得起粉丝们的支持与厚爱？写一本什么内容的书，才能真正地直击护肤的根本？

当Kenji跟我说，他希望能写一本关于防晒的书时，我为他这个想法而感到兴奋和骄傲，因为这样一本选题内容的书就算是放在国际市场，也是非常前沿和与众不同的。我们推出这本书不是为了刷热度、追热点，我们把所谓的“功效性”和“改善效果”放一边，而专注于关于护肤的最重要的基础步骤——防晒，作者Kenji真不愧是一位真真正正想传播科学正确护肤观念的有医学背景的美妆达人。

当然，我们之所以能这么任性，首先需要感谢的是各位支持Kenji的粉丝，是你们给了我们勇气和底气，让我们可以这样出一本我们认为真正有护肤指导意义的图书，同时也要感谢出版社的编辑CiCi（宁茜）对我们这个选题的认可和支持，我知道我们的选择是“小众而冷门”的，但CiCi能够理解，这可能不是一推出就能大卖的书，却有可能是中国美容图书史上留下里程碑意义的一本书。

不忘初心，方得始终，我们没有忘记我们的初心，就是传播容易被忽视却真正有价值的科学护肤知识。

回到“护肤”的初心，“护”意味着保护、养护和减少皮肤遭受的损伤和刺激，这么说来，抵御紫外线难道不是护肤之本么？看完这本书，你会得到你想要的答案。

我看过太多的人，他们舍得花大把的钱在精华、面膜上，却完全忽略防晒这个护肤中最重要的环节。我常开玩笑说，护肤不防晒就是白花钱。

市面上的护肤新品一波又一波不断刺激吸引着我们的眼球，天花乱坠的新科技新成分，又有多少能被皮肤真正吸收利用了呢？这个问题恐怕是消费者很难了解的。但是皮肤最大的敌人——无处不在的紫外线，却被皮肤完完全全吸收了，并给皮肤造成了不可逆的伤害。

到目前为止，整个医学界都认为紫外线对皮肤的伤害是不可逆的——如果把“肌肤抵御光老化的能力”看作是一笔存款，那大多数人在18岁之前，就几乎花费掉一半了，而且这笔存款没有利息更不可补充。

过去受到的紫外线侵害，会不断累积，直到有一天，你发现你皮肤突然冒出了很多斑点、生出很多皱纹，这时再想涂抹各种瓶瓶罐罐去补救就为时已晚了。我们何不养成良好的防晒习惯，未雨绸缪?

在这本书里，你会认识到为什么防晒如此重要，以及如何防护紫外线，既有理论干货，也有大家喜爱的“买买买”环节，但是我们的目的不是让你买一大堆产品，我们真心希望大家看完这本书后，能建立起防晒意识，摸索出最适合自己的防晒策略，选择适合自己的产品，这才是这本书的最大价值。

这本书里面我非常引以为豪的是，Kenji将他十多年的心得总结成了一个叫“PFRC”的防晒法则。打一个不恰当的比喻，这个防晒法则就像武林秘籍中的内功心法，只要掌握了这“内功心法”，无论将来你的皮肤状况如何，手头有哪些产品，你喜欢什么类型的产品，你都能灵活地制定一套适合自己的防护方案。

而且，只有我们每一个人都越来越重视防晒，才能促使护肤品厂商研究开发出更多、更稳定、肤感更舒适的好产品。最终受益的，还是我们的这张脸。

最后还要感谢被这本书折磨得死去活来的小 h 康嘉栩、Tina，但我知道当你们拿到书的那一刻，一定会觉得过去我们所纠结、所苛求的每一个细节都是值得的。

allskin安芙美颜　创始人

张万里

目录 CONTENTS

CHAPTER 1

第1章 一张图读懂阳光对皮肤的伤害

光衰老的真正元凶

在我们系统学习防晒知识之前，先来看一张图，有助于大家理解阳光对皮肤的影响。

简单原理：波长越长，对人体影响越小。

X射线和γ射线能量最强，对人体伤害最大，幸好宇宙中的这两种射线没有办法到达地球表面，否则地球上的生物都将无法生存。

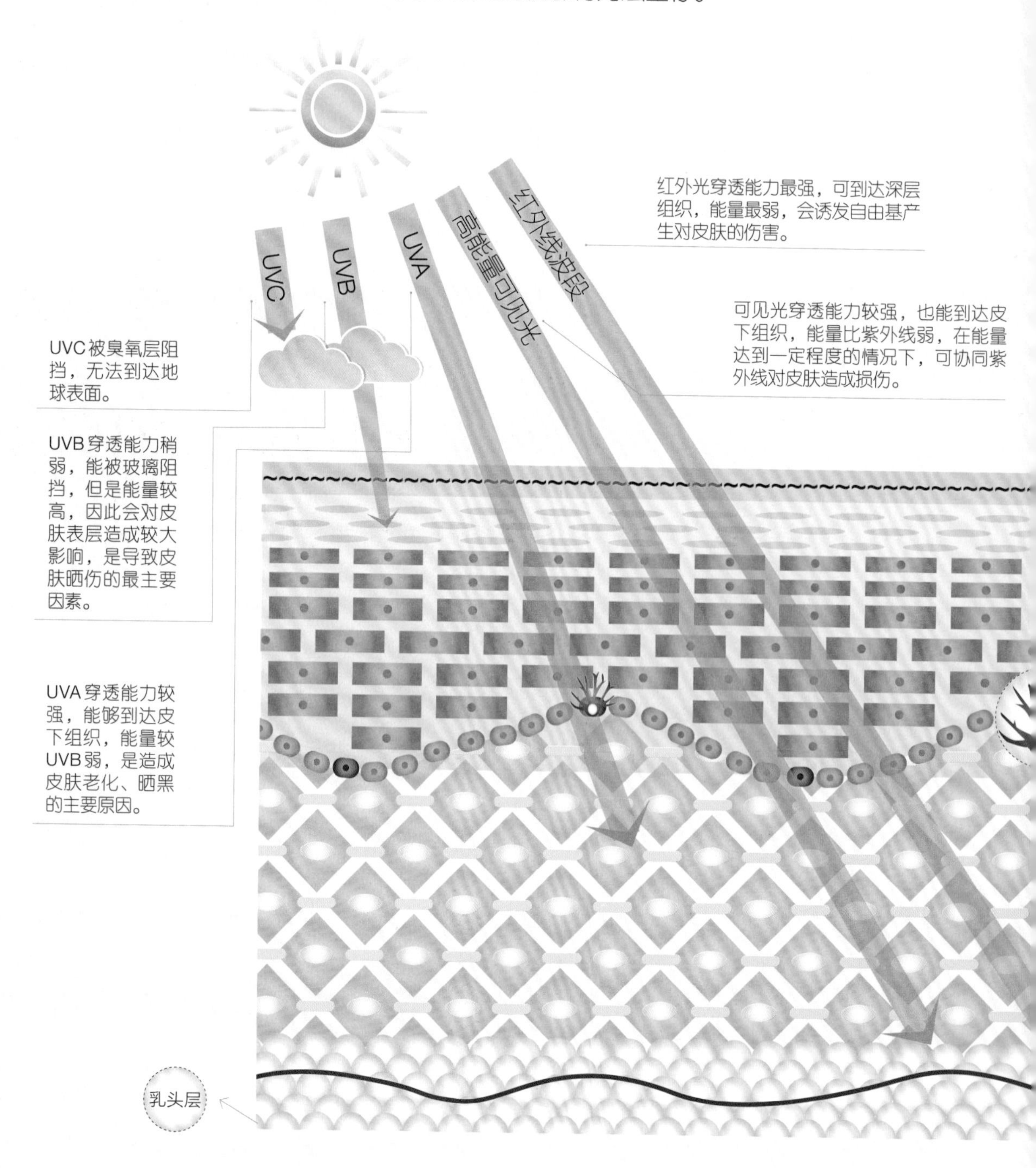

非角质形成细胞中最重要的就是黑色素细胞和朗格汉斯细胞。

朗格汉斯细胞

一种来源于骨髓的免疫活性细胞，主要分布于表皮的中上部，占表皮细胞的4%左右，它拥有大量长而细的树枝状突起，缠绕分布在附近的角质形成细胞。紫外线会对朗格汉斯细胞的能力产生影响，引发皮肤过敏，导致皮肤免疫系统慢性炎症甚至皮肤癌的产生。

黑色素细胞

分散在基底细胞层中，约占基底细胞的10%，其功能是产生黑色素，每个黑色素细胞借助树枝状突起伸向邻近的基底细胞和棘层细胞，输送黑色素颗粒，每个黑色素细胞的树枝突起大约可以和10～36个角质形成细胞相接触，形成一个表皮黑色素单元。

可以这么认为：黑色素细胞是黑色素的产生工厂，将生产好的黑色素注入这些角质形成细胞里面，当这些黑色素进入细胞之后，它们就像伞一样聚集在角质形成细胞的细胞核顶上方，起到遮挡和反射光线的作用，保护细胞核避免光损伤。

日光照射是黑色素产生的重要信号，黑色素含量决定了皮肤颜色的深浅。

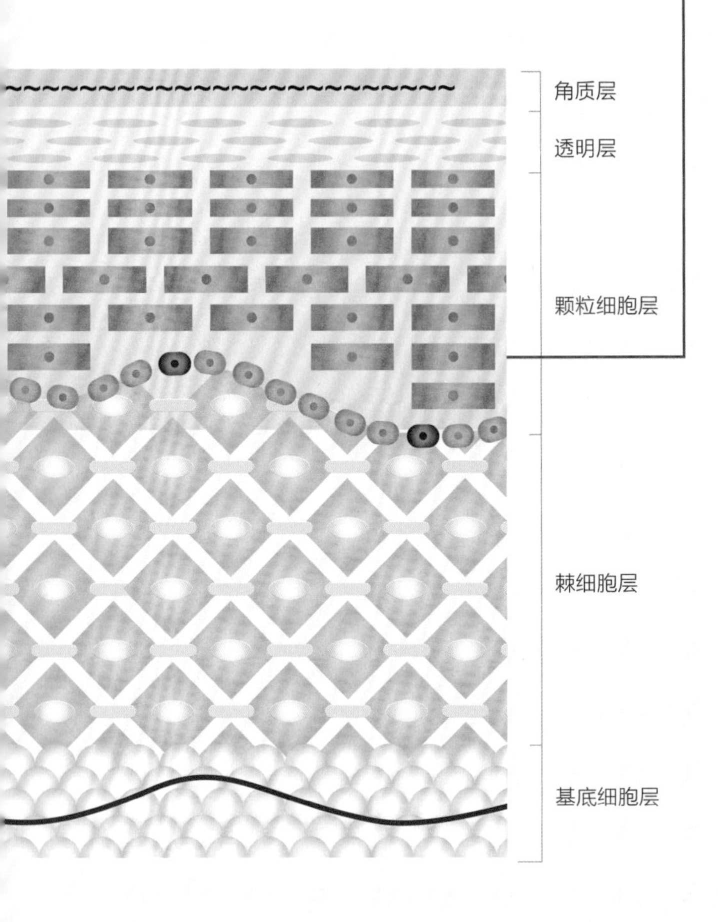

CHAPTER 2

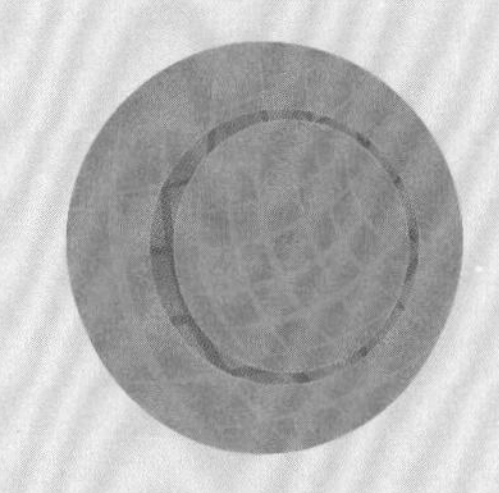

第 2 章

肌肤衰老的罪魁祸首——紫外线

2.1 详细了解紫外线

让我们来了解一下紫外线。紫外线和其他可见光一样，都是特定波长的电磁波。紫外线波长为100～400nm，因其在光谱上紧邻且波长短于紫色可见光，所以被称为紫外线。

2.1.1 紫外线根据波长范围分为4种

UVA波段

波长320～400nm，称为长波黑斑效应紫外线，简称为长波紫外线。它有很强的穿透力，可以穿透大部分透明的玻璃以及塑料。日光中含有的长波紫外线有超过98%能穿透臭氧层和云层到达地球表面，UVA可以直达肌肤的真皮层，破坏弹性纤维和胶原蛋白纤维，将我们的皮肤晒黑。

UVB波段

波长280～320nm，称为中波红斑效应紫外线，简称为中波紫外线。中等穿透力，它的波长较短的部分会被透明玻璃吸收，日光中含有的中波紫外线大部分被臭氧层所吸收，只有不足2%能到达地球表面，在夏天和午后会特别强烈。UVB紫外线可以致使人体产生红斑效应，能促进体内矿物质代谢和维生素D的形成，但长期或过量照射会令皮肤晒黑，并引起红肿、脱皮。

UVC波段

波长200～280nm，称为短波灭菌紫外线，简称为短波紫外线。它的穿透能力最弱，无法穿透大部分的透明玻璃及塑料。日光中含有的短波紫外线几乎被臭氧层完全吸收。短波紫外线对人体的伤害很大，短时间照射即可灼伤皮肤，长期或高强度照射还会造成皮肤癌。紫外线杀菌灯发出的就是UVC

短波紫外线。

UVD波段

波长100～200nm，又称为真空紫外线，这个波段的紫外线能被氧气吸收，只能在真空中传播。由于我们的地球被大气层包围，真空紫外线没有办法在有氧气的地方存在，所以它无法作用到人体。

其中，皮肤科学界研究得最多的就是320～400nm的长波紫外线（UVA）和280～320nm的中长波紫外线（UVB）。它们的能量逐渐递增，对皮肤的直接伤害也是从弱到强，但伤害效应各有不同。虽然UVB的直接伤害效果强，但是占紫外线能量比较少，且四季变化明显，在到达地球表面的紫外线中，长波紫外线（UVA）占97%；而UVA尽管能量最弱，但是穿透能力最强，四季变化不明显，所以UVB和UVA的防护同等重要。

2.1.2 臭氧层的保护作用

在30亿年前，大气的臭氧层不够厚，地球表面的生命体无法存在。生命体只能生存在水里。随着臭氧层增厚，只有UVB和UVA辐射到地球表面上，陆上生命体的存在才成为可能。得益于臭氧层的保护，短波紫外线（UVC）已经不能到达地面，也就不会对我们产生伤害，大部分中波紫外线（UVB）也被臭氧层阻隔，只有不到2%能到达地面。

然而近年来，大量化学物质破坏了臭氧层，破坏了这道保护人类健康的天然屏障。据国家气象中心提供的报告显示，1979年以来我国大气臭氧层总量逐年减少，在20年间臭氧层减少了14%。而臭氧层每递减1%，皮肤癌的发病率就会上升2.3%。

2.2 紫外线对人体的伤害

接下来让我们来了解紫外线会对皮肤产生怎样的伤害。

大多数紫外线可以归类为非电离辐射，波长越长，穿透力越强。紫外线接触到生物机体之后，紫外线光子的能量转化成分子间化学键的热效应，进而对生物系统许多分子产生相应的破坏力。这就是紫外线影响人类的生理基础。

紫外线中富有能量的光子首先穿透皮肤，被细胞内的物质吸收，产生相应的紫外线损伤，这些被紫外线所改变的分子是产生细胞光损伤的基础，其有两种作用机制：

第一种是直接途径，紫外线光子被细胞内敏感分子吸收，导致光反应发生，例如DNA碱基被破坏，最终导致DNA的直接损伤、错配。

第二种则是间接途径，细胞内的物质可以吸收紫外线，散发荧光，以热能的形式失去能量，形成新的光化学产物。

紫外线对皮肤的影响主要是由UVA和UVB引起，UVA主要诱发皮肤黝黑和光老化，与UVB共同作用可致皮肤癌和免疫抑制；而UVB主要诱发皮肤红斑和水肿。慢性损伤主要是光老化、免疫抑制以及致癌作用。

免疫抑制：指的是身体的免疫系统受到干扰后无法正常工作，从而降低了免疫力。免疫力低下导致身体容易受到细菌、真菌以及病毒感染，甚至会诱发癌变。

2.2.1 紫外线的急性损伤效应——皮肤晒伤

我们一直暴露于阳光下，最重要的保护屏障就是皮肤，我们的角质层充当了直接保护的角色，加上黑色素的保护，紫外线对细胞DNA的直接损伤才得以减弱。紫外线辐射只能到达人体的皮肤层，不同波长的紫外线携带不同水平的能量，能量高、波长短的UVB消散和吸收得较快，几乎完全被表皮吸收，只有10%～20%的UVB能量到达表皮基底层和真皮乳头层。

UVB波段的波长为280～320nm，能引起红斑。此种红斑伴有水肿、水疱、脱皮，全身症状可有寒颤、发热、恶心。皮肤一次性接受了高能量和长时间的UVB辐射就会产生这样的症状。

2.2.2 紫外线的慢性损伤效应——光老化

波长较长、携带能量较少的UVA可以穿透表皮深达真皮层，并且有30%～50%的能量蓄积于真皮乳头层中，进而引起日光性皮肤组织变性和皮肤光老化，紫外线穿透皮肤的深度随波长的增加而更深入。

光老化的病理表现为真皮上层弹力组织变性。研究表明，用氙灯、金属卤素灯长期照射豚鼠皮肤的，照射侧皮肤表皮轻度增厚，真皮浅层成熟胶原纤维减少，弹性纤维增生，网状纤维增多。最直观的表现就是出现表皮粗糙，表面皱纹变深，皮肤松弛下垂，毛孔扩大，毛细血管增生，皮肤表面泛红等情况。

紫外线会损害皮下胶原蛋白，因此除了造成直接的晒伤和晒黑之外，也会加速皮肤的衰老。长期紫外线照射会引起皮肤脂质过氧化的最终分解产物丙二醛(MDA)含量增高、胶原含量降低，与皮肤老化直接相关。

不同肤色的人群的皮肤光老化程度不同，肤色浅的人光老化更为严重，常见于经常暴露在日光下的面部、颈部及上肢的伸侧部位。慢性晒伤可导致日光性角化病——一种癌前疾病。日光性角化病的发病和损害100%归因于紫外线辐射暴露。

光老化是一种可以随着年龄增长而累积的损伤，有大量的研究证明，在20岁之前我们已经累积了50%～80%的损害。而且目前的研究表明，这种损伤无法被机体自身修复，因此光老化是一种不可逆的损害。

如果要用一句最简单的话来点明防晒的意义，那就是下面10个字：要想皮肤好，防晒要趁早。

“想要皮肤好，防晒要趁早。”

2.2.3 紫外线皮肤黑化效应

皮肤遭受紫外线辐射后的色素沉着，可分为即刻色素沉着和迟发性色素沉着。紫外线可以通过多种机制增加黑色素的生成。

首先，黑色素细胞膜上存在紫外线光受体，紫外线通过与黑色素细胞膜上的光受体结合，导致促黑色素细胞激素的增加。这种激素能增强黑色素细胞中的酪氨酸酶能力，使黑色素生成速度加快。

防晒课堂Q&A

Q：一见到阳光就黑，防晒霜能让我不变黑吗？

A：首先，防晒霜也只是一种防护手段，没有绝对的铜墙铁壁，瓢泼大雨中拿着一把伞走十分钟，想要丝毫不湿身也是不可能的。如果你已经非常注意防晒，使用多种方式来防晒还被晒黑的话，我认为没必要对自己“容易晒黑”过于纠结（除非很容易长斑点），这说明你身体的自我防御能力还挺不错，能有效启动“黑色素转化+再分布”作为对抗紫外线损伤的第一道武器。别忘了，黑色素是我们皮肤最好的抵御紫外线损伤的武器，这样的皮肤比那些“晒不黑但是容易晒红”的皮肤在50岁之前拥有更少的皱纹。不想要这样的皮肤特性怎么办？在升级防晒手段的基础上使用美白产品即可。

其次，紫外线本身可以激活处于静止状态的黑色素细胞，使其变大且活跃，促进酪氨酸酶的合成，从而提高黑色素的产量。

另外，紫外线也能向合成黑色素的中间产物提供能量，促进黑色素小体的转运，从而让黑色素更多地分布到角质层中。

以上种种均是紫外线对黑色素细胞的作用，即皮肤晒黑的生理基础。

回到皮肤美容的角度，说说大家关心的皮肤美白和色斑问题。

决定我们的皮肤分泌多少黑色素颗粒，除了先天因素以外，最重要的环境影响因素就是接受的紫外线的累积量，因为人种关系我们没有办法改变自己本身的肤色，但是我们可以在紫外线和黑色素细胞之间建立一道屏障（也就是防晒），把它们隔离开来，从而达到维持自己最原始状态下的自然肤色的作用。

而色斑则是局部黑色素细胞过多活化所致，除了用各种的医美手段减少黑色素以外，我们必须要让这些能力过强的局部黑色素细胞变得更稳定，其中最关键的手段就是减少黑色素细胞接触到紫外线的机会。

那么我们也可以这么简单地认为：防晒是美白的第一步。

“防晒是美白的第一步”

2.2.4 紫外线对免疫的影响

紫外线会破坏皮肤内特殊的免疫系统细胞——朗格汉斯细胞。朗格汉斯细胞是皮肤免疫系统的组成之一，是表皮内主要的免疫细胞，它吞噬并处理进入机体的有害外来分子（如病原体、化学分子），起到激活局部淋巴细胞的作用，使免疫系统正常、有效地工作。

紫外线照射会让朗格汉斯细胞失去收集外来有害分子的能力，几小时的照射就会对朗格汉斯细胞造成严重的损伤。这种损伤持续时间长达几天，直到朗格汉斯细胞恢复正常工作前，皮肤都处于完全失去保护的状态。紫外线在破坏免疫系统的同时，也在损伤着我们正常的DNA，使DNA产生突变，无法正常进行复制，导致细胞变性。细胞出现异常突变，而免疫系统又遭受到紫外线的破坏，便是皮肤癌变的先兆。在皮肤癌始发阶段中除了破坏DNA，导致DNA错配丢失等不良作用，日光暴露还会减少机体对皮肤肿瘤发展的抑制能力。

许多研究已证实，环境紫外线暴露能改变人体一些免疫反应，例如高紫外线水平可能会降低所接种疫苗的效力。日光暴露能增加病毒、细胞、寄生虫或真菌感染的可能性，这也在许多动物研究中得到证实。

2.2.5 紫外线导致皮肤癌

紫外线诱导皮肤肿瘤的形成和发生是一个复杂而连续的生物学行为，UVB能直接被DNA吸收，直接损伤DNA，而UVA能产生氧活性物质进而引起DNA的继发性损伤。如果损伤后的DNA发生错误的无限制修复，则会引起原癌基因和抑癌基因的突变，从而导致肿瘤的形成。

紫外线辐射是诱发鳞状细胞癌、基底细胞癌和黑色素瘤最重要的环境危险因素。国际癌症研究机构在1992年指出，目前无论是对动物还是对人类的研究都有证据证实UVB是一种致癌物质。

人的一生发生基底细胞癌的风险为28%～33%，发生皮肤鳞状细胞癌的风险为7%～11%。据联合国环境规划署估计，大气中臭氧每减少1%，紫外线强度增加1.4%，引起非黑色素皮肤癌的概率就增加2.3%。

流行病学研究结果间接证实接受日光照射的年龄越小，皮肤癌发生的可能性越大，甚至比一生中日光照射的总量更为重要。例如有报道称，生命早期在日光照射较强的地区生活可增加成年后皮肤癌发生的风险，就算成年后他们搬迁到日光照射较弱的地区也无济于事。

人种差异是影响非黑色素瘤性皮肤癌发病率的重要因素之一。白种人与其他人种相比在非黑色素瘤性皮肤癌发病率上有明显的差异，特别是高加索人具有较高的易感性，黑人、黄种人和白种人中的西班牙人中非黑色素瘤性皮肤癌发病率很低。

2.2.6 紫外线对眼球的影响

紫外线对眼球也有损害，包括对角膜、晶状体、虹膜、相关上皮和结膜的损伤。白内障是与UVR（紫外线辐射）暴露有关的最显著的视觉损害，同时紫外线也与翼状胬肉、光照性角膜炎、气候性滴状角膜病变、眼脉络膜黑色素瘤等病症的产生有关。

当部分紫外线辐射抵达眼睛的后部，会引起视网膜细胞缓慢恶化，尤其是近视者。研究表明，紫外线增加不仅会引发白内障，而且可引起角膜炎，这类影响的征兆包括眼睛变红、对光线敏感、爱流泪、感觉严重有异物和疼痛等。短时间紫外线辐射引起的症状在几天后消失，长时间的紫外线辐射会导致角膜永久性损伤。

白内障

白内障指的是眼球内负责让光线聚集在视网膜上的重要结构——晶状体内的纤维发生变性，使原本透明的晶状体变成乳白色，从而影响光线进入眼球，导致视力障碍。

大量数据表明，半数以上的失明患者由白内障引起，过量紫外线辐射是白内障增加的主要原因。大量动物试验表明，UVB紫外线辐射能损害眼角膜和晶状体，使晶状体皮质及后囊部位出现混浊现象。

所以人类眼睛长期暴露于太阳辐射下，罹患皮质性白内障的可能性会增加。在所有与白内障有关的疾病中，有5%可直接归因于紫外线辐射暴露。流行病学的研究发现，白内障的形成与阳光暴露量有关。随着纬度的降低或海拔的升高，地面接收到日照辐射量也增多，而白内障的发病率也升高。

光性角膜炎和光性结膜炎

角膜上皮细胞和结膜吸收过量紫外线后引起浅表组织灼伤，发生急性炎症，称为光性角膜炎和光性结膜炎，多由长时间在自然环境中的冰雪、沙漠、盐田、广阔水面行走或作业所致。

而在人工环境中由于电焊或金属熔锻所造成的职业性光性角膜炎和光性结膜炎又称为电光性眼炎。一般在接触紫外线后0.5～24h发病，表现为眼刺激症状，出现炎症和水肿。大多数患者发病后1～3天痊愈，但如反复发病，可引起慢性睑缘炎和结膜炎。

翼状胬肉

翼状胬肉是一种眼科常见病，它的患病率达到2%～5%，是一种局部球结膜纤维血管组织增生过度引发的病变。这些来源于球结膜的三角形血管网不断增生，最终侵犯到角膜，改变了正常的角膜结构，因为形态类似昆虫翅膀因此得名。在正常情况下，我们的角膜表面并没有血管附着，如果眼球表面的炎症，风沙和烟雾刺激，紫外线损伤等因素积累到一定程度，就有可能产生此种影响到视力的病变。增生的血管网有可能会不断变大，甚至覆盖到瞳孔周围挡视力。

40%～70%翼状胬肉可归因于紫外线辐射暴露。赤道附近居民的翼状胬肉发病率高，正是因为紫外线辐射暴露量大。

紫外线对人体的伤害如此之大，必须引起我们的重视，所以在日常生活中进行防晒保护是非常重要的。

2.3 恶魔也有善良的一面

虽然在上一小节中，我们介绍了许多紫外线对人体的伤害，仿佛它就是个无处不在的魔鬼，可这个魔鬼也对人类有不可替代的贡献：一个是杀菌，另一个是让皮肤产生维生素D。

2.3.1 紫外线对细菌的作用

紫外线可以杀死或抑制常见的细菌，杀菌机理主要是由于紫外线辐射能阻止细菌DNA的复制。紫外线的杀菌和抑菌作用与辐射强度、波长及微生物对紫外线的敏感程度有关。

相同辐射强度下,不同波长的紫外线杀菌及抑菌效果不同,增加紫外线的辐射强度可以增强其杀菌及抑菌作用。有研究表明,波长253nm的紫外线对细菌抑制及清除作用最强，大肠杆菌对234nm波长的紫外线最敏感，波长265nm的紫外线对绿脓杆菌及金黄色葡萄球菌的作用最强。

但是,能穿透大气层、臭氧层到达地球表面的紫外线中,能够起到杀菌作用的仅为280～300nm波段。所以在日常生活中，紫外线并没有那么强大的抑制细菌的功能，皮肤感染也不可能通过晒太阳就治好。所以，目前医疗环境中使用的紫外线消毒机还是通过人工光源来给室内消毒，消毒过程需要严格控制使用距离和范围并考虑对人体的保护。

2.3.2 紫外线与维生素D

紫外线可以使皮肤中的脱氧甾醇转化成维生素D，有利于人体对钙和其他矿物质的吸收，增强骨骼密度，防止佝偻病和软骨病的发生；阳光亦有减轻抑郁症的作用。适量紫外线照射也可增强交感神经-肾上腺系统的兴奋性和应激能力，增强人体免疫力，促进体内某些激素分泌，对人体生长发育有重要作用。

维生素D缺乏症在深肤色人群中的发生率高于白种人，这样的效应在日晒较少的情况下更明显。也就是说，那些皮肤颜色较深、居住在较高纬度地区，或者冬春季日照不足的地方的人群较易缺乏维生素D。

那么矛盾出现了。随着大家对皮肤护理的日益重视，紫外线对皮肤产生的伤害，例如晒黑、晒伤、光老化和皮肤癌症，成为许多爱美人士非常关心的问题；究竟是从维生素营养状况的角度出发而鼓励户外活动接触紫外线，还是从皮肤美容的角度减少紫外线暴露呢？难道身体健康和皮肤美容是鱼与熊掌不可兼得？

目前科学界大部分学者取了折中的方案，就是继续做好防晒，同时从饮食或者是维生素D补充剂中获取维生素D。这样才能两全其美，既不会让身体缺乏维生素D，也不至于让皮肤过早老化和变黑。

人体的维生素D含量与人种（皮肤黑色素丰富程度）、日照环境（经纬度和四季变化）、户外活动频率有关。就是说，维生素D是否足够，和日光照射量呈正相关性，经常户外活动晒太阳的人群，身体维生素D含量确实高于那些不怎么外出的人群。这就是许多健康组织推荐晒太阳的原因，并且称其为“阳光维生素”。

营养学和美容界开始对此有了分歧，甚至有学者认为防晒霜的使用会加重维生素D缺乏。这并非空穴来风，在实验室中得出的结论表明SPF8的防晒霜就已经能够显著抑制皮肤合成维生素D的量。

如果你和我一样，对这个模糊笼统的结论还有不满意之处，那么我们就来认真学习一下，究竟美丽和健康是否能兼得。

维生素D的作用

维生素D又称钙化醇、麦角甾醇、麦角骨化醇、抗佝偻病维生素、阳光维生素等，主要有D2和D3两种。人体维生素D仅有小部分来源于食物(<10%)。而主要来源于日光中的紫外线照射。人和动物皮肤中的7-脱氢胆固醇受日光中紫外线的照射转变为胆骨化醇，即内源性维生素D3，植物中的麦

角固醇不能被人体吸收，经紫外线照射转变为麦角骨化醇，即维生素D2，才能被人类吸收。D2和D3在体内进一步转变为二羟胆骨化醇[1,25$(OH)_2D_3$]，在体内发挥作用。

维生素D不仅影响钙、磷代谢，还是维持人体健康、细胞生长和发育必不可少的物质。如能够影响免疫、神经、生殖、内分泌、上皮及毛发生长等，并与许多人类疾病的发生、发展密切相关，如高血压、动脉粥样硬化、结肠癌、前列腺疾病、乳腺及卵巢疾病、I型糖尿病等。

维生素D的合成、吸收、循环

皮肤脂肪储存的7-DHC（7-脱氢胆固醇）是维生素D3的前体，接受UVB照射后产生维生素D3，经过肝脏酶代谢产生25-(OH)D循环入血，这个形式被认为是维生素D的活性形式，下面会反复提到。

食物中主要含有维生素D3(Cholecalciferol)和维生素D2(Ergocalciferol)，前者存在于动物性食品例如肝脏、牛奶或蛋黄中，而后者存在于植物性食品例如蘑菇类中，它们在小肠被吸收，经肝脏转化成25-(OH)D。

血液循环中的25-(OH)D浓度反应了体内维生素D含量是否足够，一般用nmol/L或者是ng/L这两个单位来表示，下面就是以nmol/L为单位状态下的25-(OH)D浓度与疾病的关系。

低于20~25nmol/L	维生素D缺乏	佝偻病，骨营养不良
25~50nmol/L	维生素D不足	发生骨质疏松风险，癌症等慢性病风险增高
50~75nmol/L	血25-(OH)D基准浓度	
大于75nmol/L	血25-(OH)D理想浓度	

皮肤能产生多少维生素D?

有研究表明，当全身皮肤裸露度达到90%，晒到一个最小红斑量（MED）的水平之后，可以产生7800~20000IU维生素D，按照每日800~1000IU足够将身体维生素D库充满的方式计算，那么这个量足够你用10~20天，只不过我们不是生活在永远充满阳光的夏威夷海滩，穿比基尼把自己晒成大虾也不是每个人都能接受的方式。

因此，美国的内分泌学家、维生素D研究专家Michael F.Holick博士推荐用27%的裸露皮肤（面部、手掌和手臂），晒到0.25MED的时间，便足够获取到每天合适的维生素D。这听上去非常精确又合理，但是也非常不实际，为何？

首先，如何测定自己的MED？这是个大问题，如果不在实验室里面，那么你需要精确的紫外线强度计，在太阳下静静等待皮肤发红。

即便你真的测出了自己的MED量，但是每天的紫外线强度都在变化，同时每个时间段的紫外线强度也在变化，那么你只能在有光照的地方掐着秒表进行“光合作用”，不停计算累计了多少吸收量，你真的有这么多时间？下雨或者阴天怎么办？所以完全依赖皮肤制造维生素D是一件挺不靠谱又费神的事情，更不用说这个过程中，皮肤受到了多少摧残，皮肤变黑了多少，承担了多少长色斑或癌变的风险，又累积了多少的光老化。

因此，我们很容易得出结论，那就是从食物和补充剂中获取维生素D是一种更可靠、更可控，且无损美丽的方式。

防晒措施会不会造成维生素D缺乏？

目前的研究有许多自相矛盾的地方，虽然实验室得出的结论令人沮丧，但是上升到临床研究阶段，有些实验表明：严格使用SPF20左右防晒产品的与那些不使用防晒产品的人群比起来，血清25-(OH)D浓度并无差异；而另外一些实验则表明血清25-(OH)D浓度轻度降低但是并没有达到严重缺乏的程度，而且体内维生素D的含量与季节息息相关，一般冬春季较易缺乏。

但是需要指出，目前一致的结论是：严格防晒和缺乏户外活动的人群血清25-(OH)D浓度普遍低于其他人群，例如皮肤科医生的防晒意识更强，有研究显示皮肤科医生体内的维生素D含量少于其他类型人群。因此，需要让公众认识到补充维生素D的重要性。

维生素D缺乏的判断

只有身体出现佝偻病、骨关节疼痛、骨营养不良的时候，我们才能意识到维生素D的显著缺乏，而维生素D不足则没那么容易判断。

对不同人种和地区的调查显示，那些皮肤颜色较深、居住在较高纬度的地区或者是冬春季日照不足的地方的人群较易缺乏维生素D，例如南印度人群中，83%的人体内血清25-(OH)D浓度低于50nmol/L，这算是个风险数值；而那些肤色较白的人，例如澳大利亚昆士兰地区的人，在日照非常充分的冬季末依然有43%左右的人的血清25-(OH)D浓度低于50nmol/L。

国人的调查数据也不容乐观，2011年两个分别在上海和贵州的调查显示：血清25-(OH)D浓度达到70nmol/L者不足10%，一半以上都是不足人群（小于50nmol/L），严重缺乏者（小于25nmol/L）甚至达到20%左右，考虑到国人肤色以及饮食中普遍缺乏维生素D的状况，这样的结论并不奇怪。

下面这些被认为是维生素D缺乏的高危因素：

- 高纬度环境
- 冬春季
- 日照不足
- 年龄超过40岁的女性
- 肥胖
- 皮肤颜色较深

合理的维生素D营养状态

目前并没有非常统一的标准判断理想的血清25-(OH)D浓度，大部分人在30～110nmol/L不等，个体化差异非常大。一般是这么认为的：

18～50岁人群（非孕妇）的维生素D摄入DRI（每日最低量）：美国标准近年来提升至每日400IU，这个摄入量能够让大部分人都不会产生维生素D缺乏而导致身体病变；中国目前的推荐每日摄入量依然是200IU，不过相信我国也会很快修改这个推荐量。但是越来越多研究表明，400IU并不是一个理想数值。

从食物中获取足量的维生素D看上去比较困难，尤其是在没有维生素D强化型食物（例如强化型牛奶和强化型谷物）的地区，除非你天天都能吃到海鱼，否则从日常饮食中获取200IU都很困难，例如两个鸡蛋和100ml未强化的牛奶中维生素D含量也不过几十IU而已。

目前大多数的实验都证明，每日维生素D摄入800～1000IU能让90%以上的人群血清25-(OH)D浓度提升到75nmol/L，似乎这个才是最理想的摄入值。

正常人可以耐受4000～10000IU的每日摄入，虽然这个量无论是从安全性还是性价比上来说都不足以作为正常补充的参考，但至少也说明一点，维生素D的摄入其实没有以前强调的那么可怕，以前发生的中毒事件一般是由于鱼肝油和维生素D注射剂的不当使用造成的，注射剂的剂量一般是百万甚至千万单位。

加拿大的癌症协会建议：成人应该至少在日照不足的季节（例如冬春季）每日额外补充1000IU维生素D；而那些有相关癌症、慢性病风险，很少户外活动，或者是防晒措施做得比较到位的人群，应该考虑全年补充。这个建议得到了许多维生素D研究领域的专家认可。

目前最新的研究表明，大部分人都需要额外补充维生素D。如果你食用海鱼较多或者是经常户外活动，那么可以在非夏季补充200～400IU的维生素D；如果是饮食中维生素D不足、又非常注重防晒的人，补充400IU以上的剂量也未尝不可。鉴于维生素D是一种脂溶性、可体内储存的维生素，间断补充高剂量的维生素D也是可行，只要每周累积量达到一定程度即可。

2.3.3 紫外线在医疗器械的运用

人类没有办法看到紫外线，但紫外线可以通过与荧光物质发生化学反应而形成可见光，例如著名的伍德灯（Wood's Lamp）就是利用紫外线的显影效应，在皮肤科中发挥了重要的作用。

什么是伍德灯？

伍氏灯，Wood's lamp，也叫作伍德灯，使用的是320nm～400nm的长波紫外线。它目前是皮肤科临床广泛应用的检测设备。不仅可以对痤疮、皮肤癣（头癣、白癣、花斑癣、红癣、腋毛癣等）进行检测，对于一些色素性病变也有病情的检测辅助。

伍德灯在临床上被称为皮肤的“显微镜”。可准确检测出黑色素脱失多少，检查确认过程不取血、无痛苦，检查结果快速，从而被广泛应用于白癜风的鉴别。它不仅可以辨别患者是完全性还是不完全性白癜风，还可以检测出肉眼无法识别的病变。

在痤疮的检测时，伍德灯可以精准地判断痤疮的罪魁祸首丙酸杆菌的聚集程度。而痤疮丙酸杆菌产生的原卟啉在伍德灯的照射下，会产生砖红色荧光，无所遁行。

CHAPTER 3

第 3 章 360° 的全方位

3.1 紫外线强度表示和防护原则

我们来简单认识一下影响紫外线的因素，了解紫外线的变化有助于我们在没有精确的紫外线强度数据的情况下，对自己暴露的环境有个简单的评估。

对紫外线强度影响最重要的几个因素包括：太阳位置、地表纬度、海拔高度、云层、臭氧层和地面反射。

纬度		越靠近赤道，紫外线尤其是UVB则越强
云层		天气晴朗且没有云层覆盖时，紫外线最强，而在云层存在的情况下，90%的紫外线能穿透云层达到地面
海拔高度		海拔高度越高，大气层越稀薄，紫外线辐射越强，一般每升高1000米，紫外线能量提高10%～12%
臭氧层		臭氧层可以吸收所有的UVC，大部分的UVB
地面反射		紫外线照射到不同的地表介质，反射能力有很大的差异，比如干净的雪地，可以反射80%的紫外线，而干燥的沙地只反射15%左右的紫外线，海面对紫外线的反射率则为10%～35%不等

从UVB角度分析，太阳高度越高，紫外线越强；一年中夏天的紫外线最强，一天内中午时分紫外线最强，即10～16时。而UVA全年变化不大。

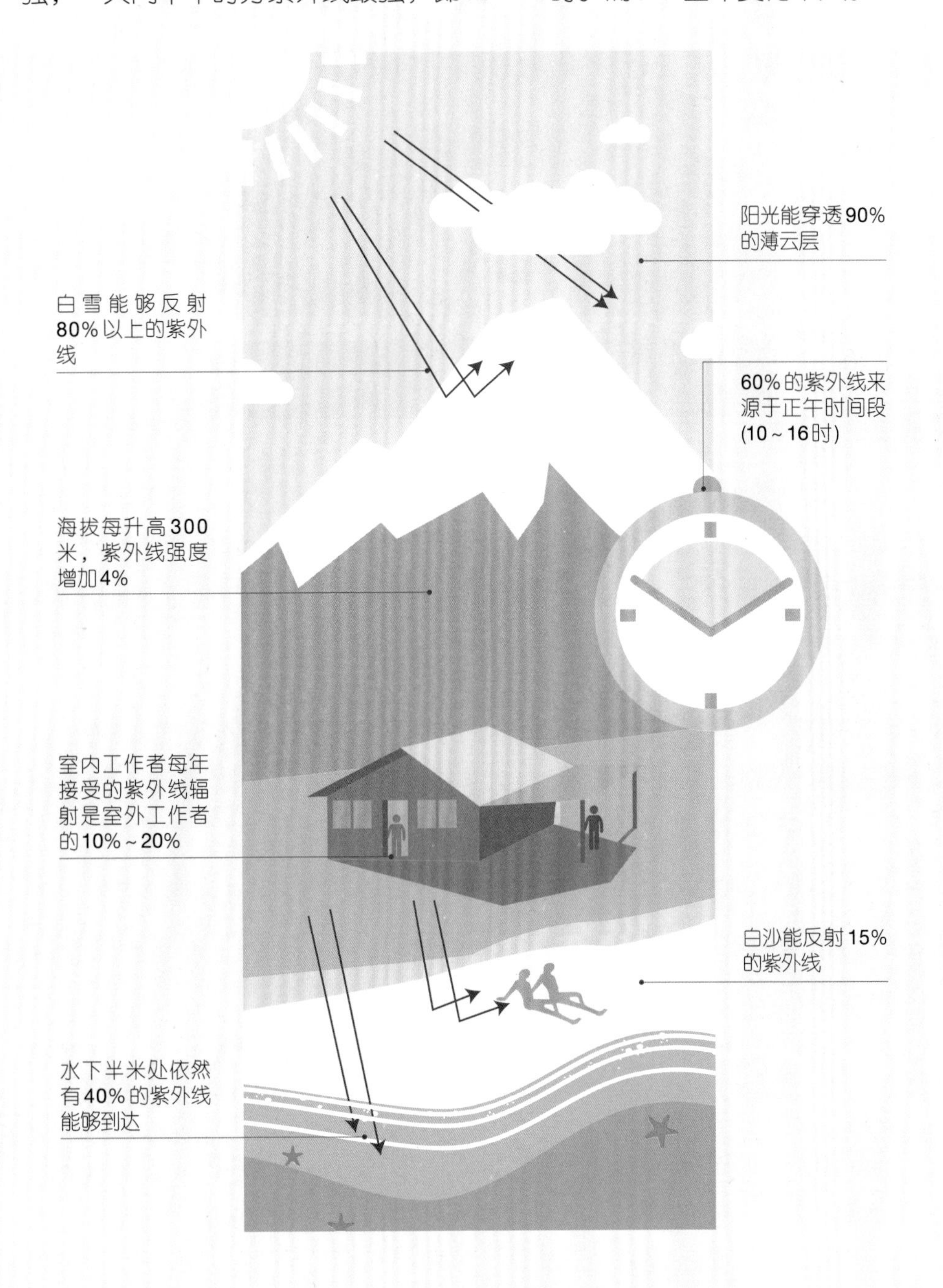

3.1.1 看懂紫外线指数

我们日常的天气预报里面经常会有紫外线指数这一条，你真的懂这个数据所表达的含义吗?

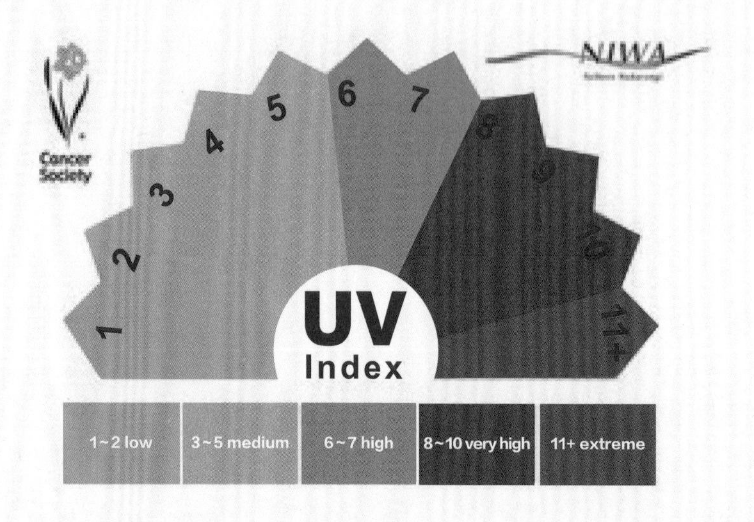

紫外线指数（UV index），指的是到达地球表面的太阳光线中的紫外线辐射对人体皮肤的可能损伤程度。紫外线指数愈高，表示紫外线辐射对人体皮肤的损伤程度愈深，同样地，紫外线指数愈高，就可以在愈短的时间里对皮肤造成伤害。

紫外线指数是根据以下四个指标来计算的：

1. 城市上空的臭氧层厚度（利用人造卫星进行探测）
2. 城市上空的云量（云层对紫外线辐射有不同程度的阻隔作用）
3. 一年中的不同季节（由于太阳的角度不同，冬季的紫外线辐射要弱于夏季）
4. 城市的海拔（紫外线辐射随海拔的升高而增强）

紫外线指数的强弱根据经纬度、天气、空气污染等条件的改变而改变。接近赤道、纬度较低的地域，或者海拔较高的地方，与太阳的距离较近，因此，这些地方的紫外线指数相应较高。

紫外线指数由世界气象组织于1994年发布制定，并且于2014年由世界气象组织和世界卫生组织共同更新并再一次规范了计算标准，至少在目前，各个国家在这方面已经取得了高度的统一。紫外线指数分为下面五个强度，用不同的颜色表示。

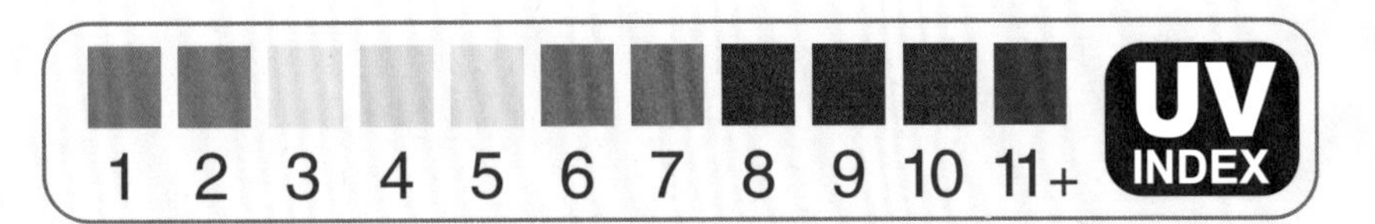

1 ~ 2 low 轻度
3 ~ 5 medium 中度
6 ~ 7 high 高度
8 ~ 10 very high 很高
11+ extreme 极高

如何计算紫外线指数？我们利用预测的高层大气中的臭氧数据，根据辐射转移模式，以及当地的云量预报和当地海拔高度（太阳高度角），先计算出不同波长的太阳紫外线强度，将其乘以相应波长的红斑效应加权值，并将不同波长的乘积相加再乘以一个常数，最后便得出当日紫外线指数。

紫外线指数用于反映紫外线辐射的强弱。紫外线指数越高，皮肤和眼睛受日照损伤的风险就越大，所以应该参考紫外线指数来安排户外活动。当紫外线指数预报辐射级别为3及更高时（见上图），要采取防护措施。

防晒课堂 Q&A

Q：夏天之外的季节需要防晒吗？

A：需要。虽然夏天感受到的阳光更强烈、温度更高，但紫外线一年四季都存在，能够造成累积性损伤的UVA在春秋天甚至比夏天更高。例如北京地区紫外线强度最高的月份不是在夏季，而是在春季的4 ~ 5月。

3.1.2 利用紫外线指数进行日常防护指导

当我们查到每天的紫外线指数后，接下来就是根据指数指导我们的日常防护。各个国家的指南不尽相同，所以站在皮肤美容的角度，我提出一些个人建议。

在户外活动时，需要了解每天的紫外线强度，不仅仅是出门旅游或者是跑步逛街，户外活动还包括日常使用交通工具和步行上下班的情况。

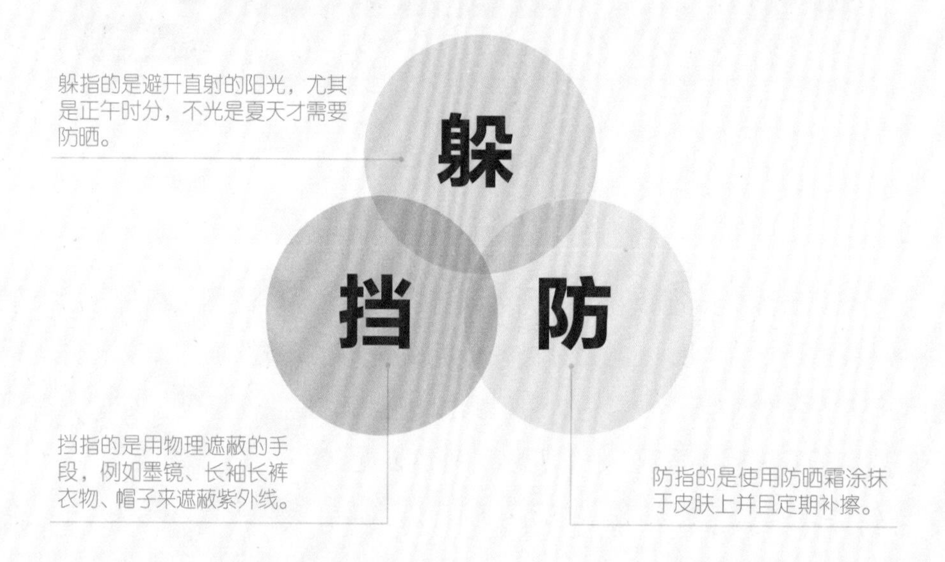

防晒课堂Q&A

Q：身体防晒霜和面部防晒霜需要分别使用两种不同产品么？

A：其实防晒产品最初的设计是为了保护全身的皮肤，但化妆品厂商为了区分出市场、获得最大效益，制造出给身体用的防晒霜和给脸部用的防晒霜。它们使用的防晒成分大多一样，配方上也相差无几。差别在于“面部”防晒霜更注重消费者使用喜好，制作工艺上更讲究一些，而“身体”防晒霜在这方面要求可以放低，降低成本。

假如你对防晒霜的质地要求并不是那么严格的话，全身都擦同一款防晒霜是比较经济高效的选择。

首先我们需要记住一点：紫外线无处不在，四季都有，无论室内还是室外都有，只要是在不需要人工光源照明也能看清物体的亮度的情况下，人类在紫外线面前就无处可藏。

对抗紫外线，我们需要记住三个策略：躲、挡、防，重要程度从上往下排列，如果某个策略不便实施，就加强其他的策略。

紫外线指数	等级	推荐的预防措施
1～2	轻度	
3～5	中度	
6～7	高度	
8～10	很高	
11+	极高	

0～2轻度

面部使用SPF30以上的广谱防晒产品，如果你面朝着日出的方向行走或者活动，请带上太阳镜。

3～5中度

在使用防晒产品的基础上，戴宽檐帽和太阳镜，在裸露的皮肤上擦上SPF30以上的防晒霜，持续户外活动需要每两个小时补擦一次，在户外工作、游泳、玩耍或运动之后要补擦。

6～7高度

在中度防护的基础上，尽可能穿遮盖更多身体部位的衣物，宽檐帽能给眼睛、耳朵、脸、背部和脖子都提供一定的遮阳作用。可过滤几乎100% UVA和UVB的太阳镜则能大大减少光暴露对眼睛的损伤。材料致密、宽松的服装能够为身体提供额外防护，深色衣物对紫外线遮蔽更好，而轻薄的衣物防护效果没有那么好。专业的防晒服则防护能力更强，在太阳下使用遮阳伞，使用防晒霜并且定期补擦。

8～10 很高

上午 10 点至下午4点的紫外线最强，尽量减少户外活动时间，避免在这个时间段进行户外运动，在做到高度防护的基础上，使用遮阳伞，尽可能寻找荫蔽处行走活动，使用防晒霜并且定期补擦。

11+ 极高

尽量避免出门，使用一切的防护手段。寻找遮阳处，但是记得这些地方并不能遮挡所有的阳光，尤其是地面和水面的反射。

保护儿童：面对紫外线辐射，儿童的皮肤和角膜特别脆弱，家长应采取特别护理，避免他们遭受紫外线的伤害。12 个月以下的婴儿不应直接面对太阳，避免皮肤和角膜损伤。

3.1.3 室内活动时的紫外线防护

室内依然有一定程度的紫外线尤其是UVA，所以也不可掉以轻心。

避免在阳光下活动，哪怕有一层玻璃阻挡，中午时分建议使用一定厚度的遮光窗帘。使用广谱稳定防晒产品，SPF指数至少30，减少未察觉的紫外线暴露。

防晒课堂Q&A

Q：车内需要擦防晒霜吗？

A：除非专业处理过的玻璃制品，例如“UV400”这样的全波段屏蔽紫外线技术，普通玻璃无法做到对UVA的防护，所以车内防晒取决于车窗玻璃和车内贴膜的防护能力，就我所知，很多贴膜都不会贴在前挡玻璃上面以免影响夜间视线，所以还是老实擦防晒霜比较安全。

3.2 防晒第一步——穿好衣服！

“物理遮蔽，是人类防晒的第一个有效武器”

我们的衣物其实就是一种非常好的遮蔽防晒手段，动物皮毛最为原始，而到了大约公元前5000年，织物开始出现在人类历史记载中，人类用棉花、羊毛和亚麻纤维等织成衣物，不仅为了遮羞和避寒，同时也起到了防晒的作用，轻薄透气的面料不仅能够在炎热的环境中起到遮蔽效果，同时也不影响排汗。现在，许多热带国家流行的宽檐帽、头巾、面纱、宽松的长袍和裙子等服饰都是非常好的防晒手段，不仅隔绝了热量，也减少了皮肤遭受的紫外线损伤。

在工业如此发达的现阶段，纺织工业开发出了各种各样的面料供服装界使用，我们现代的衣物不仅用来遮蔽身体、美化形体、传达流行理念，同时其功能性也得到了很大的强化，例如排汗吸潮，促进血液循环，稳定肢体等，包括和本书密切相关的防晒功能。

UPF范围	防护等级
15～24	防护效果良好
25～39	防护效果很好
40～50、50+	防护效果极佳

在这里，我们必须要明确一个观念，那就是：

普通的衣服也有防晒的功能，并非只有专门的“防晒衣物”才有防晒效果，普通衣物的防晒能力与使用的面料、织物的密度以及颜色和处理工艺有关。

如果用专业的数据对这些衣物做一个横向的比对，我们需要用到这个标准——紫外线防护系数值（UPF）。

紫外线防护系数值（Ultraviolet Protection Factor，简称UPF），它的数值体现了该衣物对紫外线的防护能力，如果衣物的UPF值为30时，在衣物保护下的皮肤受紫外线辐射的量是没有防护时的1/30。也就是说UPF值越高，织物抗紫外线的功能就越强。

按照国家标准《纺织品防紫外线性能的评定》的规定，UPF大于30，并且UVA（长波紫外线）透过率小于5%的产品，才能称为防紫外线产品，防护等级标准为“UPF30%”；当UPF大于50时，表明产品紫外线防护性能极佳，防护等级标识为“UPF50%”。

服装能在一定程度上防护紫外线辐射。然而，很多夏季常用的轻薄服装却不能为整天在户外日光下工作的人起到足够的保护。因此，纺织和服装生产商开始将兴趣转向开发改善UVR辐射阻隔性能的织物上。为此，纺织业想了很多办法，例如增加织物密度，选用那些天然有防护能力的特殊面料，或者用特殊的紫外线吸收剂对织物进行浸泡处理等，这一类经过专业手段处理的衣物就是我们俗称的“防晒衣”。

与UVA相比，UVB更容易被特定的纤维织物散射。纤维织物对UPF与防晒霜的防晒系数(SPF)相似。纤维织物的结构是影响UPF的重要因素，纤维结构紧密的织物，UPF值高于纤维结构疏松的织物，厚的纤维织物阻隔UV大于薄的织物。深色纤维织物UPF值高于浅色纤维织物。

3.2.1 防晒衣的防晒原理

影响紫外线透过率的因素主要有：织物覆盖系数、纤维种类、织物颜色、后期整理加工中化学添加剂及测试参数等。

首先织物的覆盖系数越大，紫外线透过率越低。相同质地的织物，紫外线防护性能随厚度和质量的增加而增加，换句话说，就是编织得越紧密，光透过的可能性越小，则防护性能越高，同样是棉质，牛仔裤就比轻薄的T恤防晒能力要强。

其次，不同纤维种类有不同的紫外线吸收性能。例如亚麻和涤纶纤维本身就比纯棉纤维的防护能力更好，而腈纶则是防护能力最强的面料，市面上最常见的轻薄、颜色鲜艳的透气型防晒衣一般选用腈纶为面料。

另外，不同颜色纤维织物的抗紫外线性能有所不同，通过试验了解到，深颜色的织物具有较好的防护性能，黑色和深蓝色具有较低的紫外线穿透率，而白色的透光率较高。

最后，想要提高织物的防晒性能，更可以在纺织纤维纺丝时添加陶瓷微粒以反射紫外线，达到防紫外线的效果；或者是对织物进行防紫外线后处理，如将织物浸染紫外线吸收剂、屏蔽剂或在织物表面进行防紫外线涂层整理等。通过以上这些方法处理的衣物有传统面料无法达到的高防护效果。

防晒衣上使用的无机紫外线屏蔽剂主要是利用某些无机物对光线有较好的折射、反射、散射性能来达到防紫外线的目的，主要包括二氧化钛 、氧化锌 、氧化铝 、高岭土、滑石粉、炭黑等。

有机类抗紫外剂则主要是通过吸收紫外线并进行能量转换，将紫外线变成低能量的热能或波长较短的电磁波，从而达到防紫外线辐射的目的。理想的紫外线吸收剂吸收紫外线后转化成热能、荧光、磷光等，主要包括苯酮类化合物、水杨酸类化合物、有机镍聚合物等。防晒衣于 2007 年在美国首先开始流行，随后进入中国。防晒面料开始时大多应用于户外产品当中，普通服装中的应用还比较少，但因为有着天然的屏蔽和吸收紫外线的能力，也慢慢受到了爱美人士的追捧。

3.2.2 防晒衣质量标准

2011 年 1 月 1 日，我国最新的《纺织品防紫外线性能的评定》（GB/T 18830-2009）国家标准规定，UPF是指紫外线的透射程度，数值越大，透射程度越低。只有当产品的 UPF 大于 30，且 UVA 透过率小于 5% 时，才可称为“防紫外线产品”。

防紫外线产品在标签上应标注以下内容：标准编号，即 GB/T 18830；

UPF 值，30+ 或者 50+。长期使用以及在拉伸或者潮湿的情况下，该产品所提供的防护性能可能减少。也就是说，市面上的防晒服即便具有防晒效果，经过若干次水洗之后，防晒效果也会下降。

3.2.3 防晒衣的市场现状

国家关于防晒服装的标准属于推荐性的非强制性标准，但是如果要称自己的产品为“防紫外线产品”，那就必须遵循上述标准。另外，由于多数防晒布料是采用添加助剂的原理，所以布料在多次洗涤之后，防晒性能可能会降低。

透气性不好的防晒衣长时间穿着，可能影响皮肤排汗，出现皮肤发炎、过敏等现象。如果是一些质量不合格的“防晒衣”，使用不合格的染料和紫外线处理剂，就有可能让皮肤过敏，危害比紫外线更大。

3.2.4 头发也要防晒

紫外线不光损伤皮肤，也会损伤头发。虽然我们亚洲人的头发中黑色素颗粒较多，起到天然的抵御紫外线作用，但是并不代表头发就不需要额外的紫外线防护。尤其是那些发质较细弱、发量不多、发质干枯暗淡的人，做好头发的防晒不仅能使头发更加健康、强韧，同时也能保护头皮减少紫外线伤害。

L'Or é al Paris professionnel color 10 in 1
巴黎欧莱雅沙龙专属 绚色润采多效精萃喷雾

产品特点：这款巴黎欧莱雅的精萃喷雾就使用了欧莱雅集团引以为傲的紫外线过滤科技，不仅适合染后发质保证色泽鲜艳，也适合未染发质在烈日下保护秀发。

ultrasun Daily UV Hair Protector
ultrasun 每日秀发防晒喷雾

产品特点：含有防晒成分的护发产品，不仅使用防晒剂阻挡紫外线，其中含有的多种护发成分和葡萄籽这类抗氧化成分，也能减少泳池中氯和海水对发质和染发后色素颗粒的影响，阿甘油和椰子烷烃发挥滋润顺滑发丝的效果，适合夏日使用。

3.2.5 面部防晒的好帮手——帽子

遮盖型的衣物和帽子是最简单有效的阻挡紫外线损伤的工具，例如帽子就是很好的遮挡工具，有效保护区域包括前额、头皮、耳朵和脖子的大部分，英国Dryburn医院医学物理系学者Diffey，通过研究，将市面上的帽子分为四类，它们的保护系数（UPF）分别为：

帽子种类		前额（UPF）	鼻子（UPF）	脸颊（UPF）	两腮（UPF）	脖子（UPF）
窄檐小于2.5cm		15	1.5	1	1	1
中等檐2.5～7.5cm		20	3	2	1	1
宽檐大于7.5cm		20	7	3	1.2	5
鸭舌帽		20	5	1.5	1	1

显而易见，这些不同款式的帽子，能够达到全方位保护的就只有宽檐帽，且两颊一般都是防护中的盲区，因此使用帽子之后依然需要在两颊上涂抹防晒霜，才能有效保护面部皮肤不受紫外线损伤。

3.2.6 不仅仅只是装酷的太阳眼镜

好的防紫外线太阳镜，可以有效地阻挡紫外线的照射，起到保护眼睛和眼周皮肤的作用。这是因为太阳镜有一层特殊的涂层处理技术，从而达到阻挡紫外线照射的目的。

看懂太阳镜的防护标识

防紫外线的太阳镜标签或镜片上可以看到诸如“防紫外”“UV400”等明显标识。“UV指数”也就是滤除紫外线的效果，这是选购太阳镜的一个很重要的标准。波长在 286 ~ 400nm的光线被称为紫外线，一般来说能100%屏蔽紫外线的墨镜是不存在的，绝大多数太阳镜能屏蔽掉96% ~ 98%的紫外线。

有防紫外功能的太阳镜，一般有以下几种标示方式：

标注“UV400”：这表示镜片对紫外线的截止波长为400nm，即其在波长400nm以下的光谱透射比的最大值不大于2%；

标注“UV”“防紫外”：这表示镜片对紫外线的截止波长为380nm，即其在波长380nm以下的光谱透射比的最大值不大于2%；

标注“100%UV吸收”：这表示镜片对紫外线具有100%吸收的功能，即其在紫外线区间的平均透射比不大于0.5%。

太阳镜颜色的选择

阻隔紫外线的镜片品质好坏与镜片颜色深浅无关，因为紫外线为不可见光，抗紫外线能力只取决于镜片材质，即使无色的光学镜片也可以有吸收紫外线的功能。具有防紫外线功能的太阳镜镜片上都涂抹了一层防紫外线的特殊涂膜，这层涂膜的质量直接影响着太阳镜的防紫外线效果。镜片是否能有效阻隔紫外线可通过鉴别假币的紫外线灯或验钞笔来简单鉴别。

太阳镜的颜色，可以选择一些较为温和自然的色调，颜色为茶色系和灰色系的太阳镜佩戴时对眼睛最有益，有护眼效果，因为它们属于中性颜色，不会改变物体的原色。

与浅灰色镜片相比，墨绿色镜片更容易产生视觉上的色差，同时，我们也应该注意到，最好避免戴蓝色或者是粉红色的镜片，这是由于蓝色的镜片不仅不能很好地阻挡紫外线的进入，还极有可能吸收一部分有害的蓝光进入到眼睛当中。

若是佩戴颜色过深的镜片，会使眼睛逐渐处于一种暗房环境，在这种情况下，人的瞳孔会放大，很容易引起疲劳甚至青光眼等问题；另外，由于黑色镜片几乎对所有的颜色都具有遮盖的效果，在日常生活当中很有可能在视角上造成死角，导致危险情况。

当然紫外线阻隔只是太阳镜镜片最最基础的指标，其他关键的指标以及国家标准规定的光学参数都必须合格才是合格的镜片。而光学指标只有专业镜片工厂和当地质量技术监督检验局才有专业仪器可以检测，所以选择专业镜片工厂的大品牌是最可靠的办法。

隐形眼镜与紫外线

另外，当前市场所销售的某些隐形眼镜具有一定的防紫外线功能，但是只能保护好眼角膜部分，对于其他部分则没有很好的保护效果。如果能够结合太阳镜使用，不仅紫外线防护能力会得到极大的增强，同时也能照顾到眼周部位较为娇嫩的皮肤，全方位保护好眼睛。

3.3 防晒霜的历史

在古希腊，参加露天格斗竞技的角斗士为了减轻长时间在户外活动被阳光灼伤的肌肤的刺痛感，将橄榄油抹在赤裸的身体上，并撒上少许粉末，以便于竞技时互相抓握。

当时的女性发现这些角斗士在橄榄油的保护下，皮肤不那么容易被强烈的阳光晒伤，便纷纷效仿也将橄榄油涂抹在裸露的手臂和小腿肌肤上。当发现涂抹橄榄油后的肌肤不仅不易晒伤，更变得滋润而有光泽后，女性们开始添加各种香料和植物油到橄榄油中作为护肤产品，这就是最早的防晒产品。

随着科技的发展，我们进入了合成防晒剂的时代，人们不满足于天然成分的效能，需要更精确且高效的防晒成分保护皮肤，因此从19世纪起化学家们已经开始合成新的防晒成分，一直到现在，各种合成防晒成分依然在如火如荼的研发中，新成分不断面世。

3.3.1 现代防晒霜的发明

19世纪，合成防晒成分的研发还处于萌芽阶段，进入20世纪，几位来自不同国家和地区的化学家发挥了非常重要的作用，将这些成分变成普通消费者可以随手购买到的商品。很难评断究竟谁才是“防晒霜之父”，但是以他们的卓越贡献来说，至少可以共享这一荣耀。

20世纪30年代

首先我们回顾一下20世纪30年代的法国，公休制度使劳动者有很多时间去享受假期，而当时的潮流认为，古铜色的皮肤是有钱且生活压力小的贵族在海滩上享受美好时光留下的印记，所以大家一股脑儿追求当时所谓“健康”的肤色。

然而对白种人来说，他们的皮肤更容易晒伤而不容易晒黑，很有可能在海滩上躺了一天，浑身都脱皮红肿，依然黑不了，所以如果有一款产品能够让人“安全无痛苦”地晒黑，自然会大受欢迎。

这就是法国化学家Eugène Schueller开发助晒油的主要目的，该产品宣称能让人更快速变黑，同时可产生一定的保护作用，这就是使用了屏蔽短波UVB、仅让UVA接触皮肤的防晒剂达到的效果。这么多年过去后我们很容易理解，即UVB的能量强，容易使人晒伤，而UVA的能量弱，但是让皮肤容易变黑。

Eugène Schueller

更广为人知的是，他是目前世界上最大的化妆品公司，欧莱雅集团的创始人。

在差不多同时期，也就是1938年，奥地利化学家Franz Greiter研制成一款Gletscher Crème，从德文翻译过来的名字叫作冰川霜。源于Greiter本人在Piz Buin（布茵峰，属于阿尔卑斯山脉，在瑞士和奥地利交界处，海拔3312m）爬山时被晒伤，而开发出的产品，虽然它只有非常低的SPF指数，SPF2，但仍然是防晒史上的里程碑。

之后于1956年，Greiter最终定义了SPF这个防护体系指标，2mg/cm^{2}的产品使用量也成为目前国际上唯一通用的UVB防护指标的金标准。

Greiter

Piz Buin这个品牌的创始人。

另外一位美国药商Benjamin Green在1944年的发明才真正让防晒霜深入人心，成为广为大众接受的护肤产品。据记载，这款产品有着醒目的红色，黏稠的质地类似凡士林。他将自己的产品送给第二次世界大战期间上战场的美国士兵使用，使得防晒产品开始被大规模地使用。

这款产品不如现在我们看到的防晒乳那般有效，而且容易弄脏衣物，所以后来Green又进一步改良，让防晒乳的配方变得更便于使用。Green还在20世纪50年代成立了Coppertone防晒乳公司。Coppertone的成功，让人们不再担心晒伤，日光浴也开始变得流行起来。

20世纪40年代

回顾20世纪40年代，有消费者报告调查了当时市面上的“阳光护理产品”，在61种产品中，只有5种产品防护能力达到了当时的优秀水准，而多达31种产品则没有任何的紫外线防护能力。当时优秀的标准是：“号称有防护阳光功能的防晒产品应该能够在皮肤上形成一层有一定防水能力的薄膜，且提供高达两个小时的防护能力”。这不得不说是一种时代的悲哀。

20世纪50～60年代

20世纪50～60年代，在防晒产品大规模使用之后，有越来越多的研究指出，随着日晒增加，皮肤癌的病例也增加了。这便是当时人们认知方面的局限所导致的，当时的潮流认为古铜色皮肤是“健康”的标志，所以晒成古铜色是大众审美的一致目标，大规模地接触阳光为皮肤癌高发和光老化埋下了隐患。而且当时的紫外线防护，仅仅停留在“防止晒伤”的阶段，也就是仅着眼于UVB的防护，而忽视了UVA的作用，认为“皮肤晒黑”并不会对皮肤造成伤害。因此紫外线导致皮肤癌和光老化的研究终于从20世纪70～80年代起受到密切关注。

不得不说，防晒霜确实对当时的状况起到了推波助澜的作用，人们对“使用防晒霜之后晒出健康的肤色”这个行为有强烈的认同感，觉得防晒霜保护了皮肤，让自己能够更自由自在地享受阳光，甚至可以不断延长在太阳下暴晒的时间，来换取想要的肤色，认为只要没有晒伤脱皮红肿，就不会有任何的伤害。所以在牺牲了整整一代人的皮肤健康后，我们终于吸取教训，换来了目前的共识。可以说，人类在认识紫外线上付出了非常惨痛的代价。

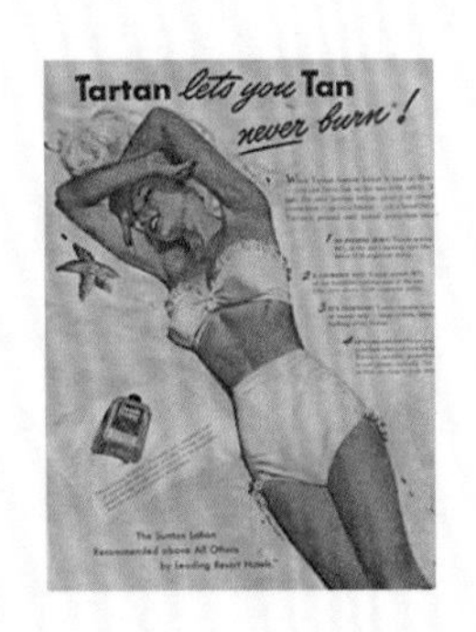

例如在当时，这样的海报随处可见。

在经历了与其说是防晒霜，不如说是“助晒霜”这样的野蛮发展时期之后，现在随着公众对皮肤癌和光老化意识的提高，我们的防晒产品进入了新的时代，尽可能减少紫外线对皮肤的伤害成为主流。

随着对紫外线关注度的提高，越来越多的皮肤科医生把全波段也就是UVB+UVA紫外线防护这个议题摆上研究的日程。1966年的一篇文献就一针见血地指出，防晒产品不仅仅需要防护280～315nm这个波段，315～400nm这个波段也不应该忽略。

但是以那个年代的防晒技术，这个目标显然是有些超前。毕竟巧妇难为无米之炊，当时的防晒成分中也只有刚刚面世的Benzopheno这一款有机防晒剂能当此重任，且防护波段并不广，只能防护小部分的UVA波段，对能量稍弱一些的长波UVA则几乎无能为力。

到了1967年，化妆品厂商开始研究如何让防晒霜更加防水，减少汗水分泌或者是游泳后防晒产品的脱落，防水型防晒产品已见雏形。

然而不可避免的情况还是发生了，1976年PABA（对氨基苯甲酸）及其衍生物作为UVB防护成分面世，而随后的几年其过高的致敏性和不稳定的防护能力让其饱受诟病，并迅速退出了历史的舞台。从此以后，精细化工界对新型防晒成分的安全性要求，逐渐提高到了与其防护能力同等重要的地步，也就是说，防晒成分不光要具备有效吸收紫外线的能力，还应该稳定且不刺激皮肤。

20世纪70年代

20世纪70年代末，第一个对长波UVA有防护能力的成分，Avobenzone面世，至今依然占据防晒成分的半壁江山，虽然化妆品界对这个成分又爱又恨，爱的是它的广谱防护能力和较强的防护性能，恨的是它的对光不稳定性和某些情况下的配伍禁忌，但是对它的开发和配方稳定性的研究从来都没有停止过。

20世纪80年代

20世纪80年代，传统被诟病的油腻泛白的无机防晒成分，也就是二氧化钛和氧化锌，在超微粒化技术的帮助下，变成了透明的小颗粒，从此获得了更高的使用满意度，虽然其防护波段和能力有一定损失，稳定性和安全度也有争议，但是纳米化的无机防晒粉体的研究至今方兴未艾，焕发出勃勃生机。

例如BASF公司的专利“Z-Cote”，使用硅化物包裹纳米化的氧化锌粒子，达到较高的透明度和安全性。

代表产品： Skinceuticals Sheer Physical UV Defense SPF 50
杜克/修丽可臻薄物理日光防护乳

主要防晒成分： 氧化钛，二氧化锌，使用Z-Cote技术，纯物理防晒技术，安全温和，泛白程度低，质地轻薄，不会堵塞毛孔，广谱防护，适合非常敏感的皮肤以及激光或者果酸换肤或者微针后的皮肤使用。

20世纪90年代

进入20世纪90年代，有机防晒成分的开发也进入白热化阶段，对防晒霜有非常资深研究背景的欧莱雅公司开发出两种Mexoryl广谱防晒成分，而当时的Ciba公司也开发出两种Tinosorb防晒成分，它们的共同特点是：防护波段广、对光稳定、分子量大、透皮吸收少，所以对皮肤刺激度小。

代表产品： La roche-posay anthelios

理肤泉防晒系列

理肤泉防晒系列产品全面使用母公司欧莱雅集团的专利成分Mexoryl SX和Mexoryl XL，配合新型防晒成分，如Tinosorb S，提供高强度和稳定性兼具的防晒力，尤其在UVA防护能力上远远超过同类型PA++++产品。低敏防腐剂配方、无香料，皮肤特别敏感的人群亦可使用；且有一定防水能力，非常适合需要高度防晒的场合，例如热带海边、雪山等。

代表产品： Actinica lotion

主打Tinosorb M和Tinosorb S这两种新型防晒成分，配合多种高防护能力紫外线吸收剂，构成广谱防晒体系，具有很强的防护能力，尤其适合对日光特别敏感以及日光性皮炎人士使用。

3.3.2 防晒产品编年史

1887年，Veiel用单宁酸作为防晒成分。

1891年,Hammer 开始研究不同的防晒成分。

1900年,早期氧化锌、镁盐、铋化物作为防晒成分登上舞台。

1928年,美国市场诞生第一款商业发售的防晒霜，使用水杨酸苄酯和肉桂酸苄酯作为主要的防晒成分，但是并未大规模使用。

1935年，Shueller研发出商业用的防晒油，有助于皮肤快速晒黑而减少晒伤的可能性。

1938年，Greiter开发出一款具有防护值的乳霜，命名为冰川霜。

1943年，PABA（对氨基苯甲酸）获得了专利许可。

1944年，Green开发出红色的凡士林状产品，作为第二次世界大战士兵的防晒产品使用。

1948年，对氨基苯甲酸衍生物作为防晒成分获得认可。

1956年，Schulze提出了SPF防护指数这个概念。

1962年，第一个UVA防护剂Benzophenone诞生。

1974年，Greiter普及了SPF这个概念。

1977年，第一款防水防晒产品面世。

1978年，FDA出版了防晒霜指南，采用了SPF作为防晒霜的评判标准，至此以后SPF数值成为了全世界认可的防晒霜能力标准。

1979年，长波防晒剂——二苯甲酰甲烷衍生物诞生，也就是著名的Avobenzone。

1989年，微粒化二氧化钛面世，纯物理防晒技术不再是油、厚、白的代名词。

1992年，紧接着开发出微粒化的氧化锌，防晒产品全面进入纳米时代。

2000年，瑞士Ciba公司开发Tinosorb S和Tinosorb M，后者具备吸收和反射两种特性，防晒成分的开发进入白热化阶段。

进入21世纪，对新型防晒成分的开发依然在不断进行中，防晒产品的安全性和效果，依然有很大的进步空间。

例如，如何保持目前UVA防护成分的能力和稳定性，以及如何制定全球统一的UVA防护标准，都是摆在我们面前亟需解决的重大问题。

3.3.3 防晒霜的新趋势

滤光科技

仅让某个波段的红光和蓝光接触到皮肤，起到改善皮肤效果。

Rohto Orezo face protector UV SPF50+

乐敦UV隔离防晒保湿妆前乳

产品特点：光线转化技术，特殊的氧化锌涂层技术，在接收紫外线辐射之后转变成对皮肤有益的红光，增强透明感，滋润质地，适合干性和较为暗淡的皮肤使用。

拓宽遮蔽波段

减少高能红外光和可见光的损伤。

Heliocare 360°

360° 全波段防晒霜

产品特点：保证紫外线防护能力的同时加入减少红外光、高能可见光损伤的成分，达到360° 完整防护，全方位减少因为紫外线、红外光、可见光刺激产生的自由基。加入抗氧化成分和镇定成分，减少二次损伤。

抗污染功能

减少空气中污染性粒子在皮肤上的沉着。

Shiseido d Program Allerbarrier Essence SPF40 PA+++

资生堂敏感话题保湿隔离防晒乳

产品特点：使用均匀涂抹覆盖技术，减少空气中的污染粒子附着在皮肤上。适合花粉过敏皮肤。

新的成膜技术

改善防晒产品质感，得到更好的贴合以及抗水能力，延长防晒成分作用时间。

Shiseido perfect UV protector

SPF50+ PA+++

资生堂新艳阳夏臻效水动力防护乳

产品特点： 创新WetForce水动力防护技术，皮肤遇水之后，防护层与皮肤结合更为紧密，可形成额外防护屏障，有效隔离紫外线，质感轻爽，配合抗氧化护肤成分减少紫外线二次损伤，尤其适合那些出汗、出油比较厉害的人在夏季使用。

生物防晒

生物防晒的过程不是吸收或者反射紫外线，而是用特殊的植物提取物或者生物制剂，阻断紫外线诱导过量自由基的过程，而这些自由基正是导致皮肤受损老化甚至癌变的主要因素。

Clinique Smart Custom-Repair Serum

倩碧智慧锁定修护精华素

产品特点： 修复型成分Roxisome、Ultrasome、Photolyase起到生物防晒作用，减少光损伤，VC衍生物配合多种植物精华镇定抗氧化，间苯二酚美白。

而针对紫外线有助于皮肤产生维生素D这个考虑方向，目前也有一些相应的研究。防晒霜的广泛使用是否会加重维生素D的缺乏目前尚存争议，但是现在有一类最新的研究着眼于解决这个矛盾，即只允许促进维生素D产生的波段（295nm）的光接触皮肤，同时也不影响整个防护体系对UVB的防护效率，达到既能够保护皮肤，又不影响身体制造维生素D的效果。

最后，我们不光要考虑自身的皮肤安全。皮肤上的防晒成分会随着冲洗进入城市水系统，这些无法降解的成分，将在各种生物以及人类体内蓄积；使用防晒产品潜水或游泳后对海洋生物的损伤，这些问题都慢慢浮现在我们面前，因此防晒成分对环境的友好度，也成为目前不可忽视的议题。

3.4 防晒霜各国标识和规定

根据资料记载，对SPF的研究起源于20世纪30年代，FDA于1978年发布了SPF测定标准，而其他各国在随后几十年纷纷发布自己的标准，基本上都是参考FDA或者是欧洲标准制定的，虽然细节略有不同，但是实际测量并没有很大的区别。

3.4.1 防晒产品UVB标识

世界上各个国家统一使用“SPF”作为防晒产品抗UVB能力的衡量标准，用不同的方式测量一款产品的SPF数值也仅仅有个位数甚至小数点后数字的差距，相当于全球通用并认可。

SPF——Sunscreen Protect Factor，想了解它的意义，我们先来认识MED的概念。

MED——Minimal Erythema Dose，最小红斑量，皮肤在接收紫外线辐射后产生发红现象，此时的紫外线能量和时间即是MED的具体数值，这也是实验室研究防晒的防护终极目标，每个人都有自己的MED剂量，用流行网络语言来描述，那就是你自己的“血槽”上限。

SPF的数值由产品的屏蔽能力计算出来，具体公式为：

SPF=1／（1-*UV滤过率*）

假如一款产品能滤掉90%的UVB，那么SPF为：1/(1-90%)，也就是10；反向推算，SPF为50的产品滤过率等于1-1/50，也就是0.98，相当于98%，意味着防晒霜这一层防晒网滤掉大部分紫外线之后，还有2%的紫外线接触到了皮肤。

防晒指数=防晒时间？！

假设在某种强度的紫外线照射下，你在无保护的情况下达到MED，也就是皮肤晒红的时间是10分钟，那么涂抹SPF50的产品后，你大概需要50×10也就是500分钟之后皮肤会晒红。

也就是说，平时只要10分钟就能耗空的血槽，擦了SPF50的产品10分钟后血槽只损耗了2%。所以很多文章告诉大家，SPF后面的倍数就是“防护时间”，这样说没有理论错误，但是用这个来指导防晒霜的使用就大错特错了。

简单来说，自然环境下，每天的紫外线强度都不同，就算是同一天，每一分钟紫外线强度也不同。何况皮肤白皙的人达到MED的量非常小，也就是说一晒就红；而黑人，想要达到MED都非常困难；黄种人的皮肤黑色素分布差别非常大，有些人皮肤很白，对紫外线很敏感，有些人很黑，对紫外线不敏感。因而怎么能统一用10分钟乘以防晒霜的倍数，得出SPF30的产品能够挡300分钟、SPF50的产品能挡500分钟的结论呢？

所以，忘记SPF传达的“时间”意义，当你的皮肤还没有被晒得发红的时候，紫外线已经对你的肌肤产生了无法预计的伤害。越来越多的证据表明，平时使用至少SPF30的防晒产品，而特别白的皮肤或者高紫外线环境下使用SPF50以上的产品才能有效保护皮肤。

SPF为什么会有加号？

大家在购买防晒产品的时候经常发现，同样一款产品在国外标注为SPF50，而国内只能标注为SPF30+，这是每个国家对防晒产品的标识上限的不同导致的。

化妆品技术规范和标签规范一直处于动态发展的过程，我国在2015年11月通过了最新的《化妆品安全技术规范》，代替了2007版的《化妆品卫生规范》，于2016年12月1日起开始执行。化妆品标识规定按照以往惯例应同时出台，但是因为各种因素影响，暂时还在商讨期间，目前依旧执行老的规定。

新的安全技术规范包括防晒成分使用和浓度限量，大家可以参考上一篇内容的表。而防晒化妆品的标识依然参考以前的办法，现将相关内容整理如下。

第八条 关于防晒化妆品防晒功能的标识

（一） 凡宣称具有防晒功能的化妆品，标签中必须标识SPF值；可以标识UVA防护功能、广谱防晒功能、PFA值或PA+～PA+++、防水、防汗功能或适合游泳等户外活动。所有标识的防晒功能均必须提供有效的检验依据。

（二） 防晒化妆品SPF值标识应符合以下规定：

1. 当所测产品的SPF值小于2时不得标识防晒效果。

2. 当所测产品的SPF值在2～30之间（包括2和30），则标识值不得高于实测值。

3. 当所测产品的SPF值大于30、减去标准差后小于或等于30，最大只能标识SPF30。

4. 当所测产品的SPF值高于30、且减去标准差后仍大于30，最大只能标识SPF30+。

（三） 防晒化妆品PFA值标识应符合以下规定：

1. 当所测产品的PFA实测值的整数部分小于2时，不得标识UVA防晒效果。

2. 当所测产品的PFA实测值的整数部分在2～3之间（包括2和3），可标识PA+或PFA实测值的整数部分。

3. 当所测产品的PFA实测值的整数部分在4～7之间（包括4和7），可标识PA++或PFA实测值的整数部分。

4. 当所测产品的PFA实测值的整数部分大于等于8，可标识PA+++或PFA实测值的整数部分。

（四） 符合下列要求之一的防晒化妆品，可标识广谱防晒：

1. SPF值≥2，经化妆品抗UVA能力仪器测定IC≥370nm。

2. SPF值≥2，PFA值≥2。

（五） 防晒化妆品在标识防水性能时，应标识出洗浴后的SPF值，也可同时标识出洗浴前后的SPF值，并严格按照防水性测试结果标识防水程度：

1. 洗浴后的SPF值比洗浴前的SPF值减少超过50%的，不得宣称防水性能。

2. 通过40min抗水性测试的，可宣称一般抗水性能（如具有防水、防汗功能，适合游泳等户外活动等），所宣称抗水时间不得超过40min。

3. 通过80min抗水性测试的，可宣称具有优越抗水性，所宣称抗水时间不超过80min。

按照《化妆品产品技术要求规范》要求，自2011年4月起，特殊用途化妆品其产品外包装上一定要有特殊类化妆品编号，以和普通化妆品区别开来。只要是获得国家审批的防晒霜都有以“国妆特字”开头的批准文号，消费者可根据厂家在产品背后印上的这个批号在国家食药监局网站查询相关信息。

我国将防晒产品SPF标识限制在30以内是根据1999年的FDA规定做出的决定。当年FDA的法规登台时便在美国引发了工业界的轩然大波，我国和澳大利亚则于2002年跟随FDA的步伐做出了修改。

即便在当时，这样的规定在国际上也有反对的声音，例如日本和欧盟认为SPF30的产品不足以在某些环境下对消费者提供足够的保护，应将这个限值提升到50。2007年FDA终于转变态度，跟随潮流将限值提升到50。因此，目前世界绝大多数国家的规定都将SPF限值在50。这么多年过去了，我国应该会在不远的将来修改这个上限。

很多读者可能会问，定在30还是50，有相关的依据吗？为什么要设定一个上限？

为了避免化妆品业界的不正当竞争，避免消费者产生“使用系数越高的产品越有效”这样的心理，同时也减少化妆品公司为了达到高系数，不惜使用更高浓度的防晒成分而忽视安全性的风险，各国学者达成共识，给防晒产品的SPF值设定上限。

上限的具体数值设定：欧洲化妆品协会（COLIPA）认定参考Fitzpatrick皮肤分型中的II型皮肤、在地球上辐射最强的地区、一天之内接收的紫外线辐射量相当于晒伤剂量的25倍（25MED），乘以特殊敏感皮肤的耐受程度（×1.5），乘以因使用量不足而产生的折损（×2.5），乘以消费者每天活动的时间接收到的紫外线量（×0.7），乘以人体接收到紫外线最强的部位（额头和肩膀在最强紫外线时刻接收到紫外线强度是75%，即×0.75），得出了25×1.5×2.5×0.7×0.75=49.2，所以换算过来将SPF设定在50比较合理。

也就是说，SPF50这个数值上限是考虑到了肤色中等偏白的皮肤在最极端的紫外线强度下，保证在活动一天之后接收的累积紫外线量没有突破SPF50这个防护极限而设定的。

Fitzpatrick皮肤分型	
哈佛医学院的医学博士Thoms Fitzpatrick，在1975年提出人类皮肤对阳光的不同反应的分类，成为后来皮肤学科重要的诊断的依据。	
Ⅰ型	总是灼伤，从不晒黑
Ⅱ型	总是灼伤，有时晒黑
Ⅲ型	有时灼伤，有时晒黑
Ⅳ型	很少灼伤，经常晒黑
Ⅴ型	从不灼伤，经常晒黑
Ⅵ型	从不灼伤，总是晒黑

选择SPF50或者SPF50+就能给我们肌肤足够的防护吗？

很多学者认为，即使是SPF50+也并不足以达到完整的防护，原因如下。

首先，防晒产品的防护能力计算，有一个标准的人体能力参照，那就是最小红斑量（MED），每个人的MED数值均不一样，用通俗的话来说，同样的光照环境下，有人几分钟就晒伤，另外一些人几个小时都不会晒伤，这就是MED的区别。目前对防晒化妆品的开发是按照普通健康成人的MED平均值来考虑的，而敏感皮肤和儿童的MED是这个剂量的三分之一，所以SPF50也不足以产生足够的保护。

SPF本身的应用范围，限制了其真正的保护能力，实际上它并不能有效反映UVA的防护能力，所以它是“防晒伤系数”而不是“防晒指数”，一个产品对UVA的防护能力需要用另外的标准来判定。简单一点说，同样是SPF50，UVA防护能力可以很强，也可以很弱。

所以，我们衡量一款产品的实际防护能力，光是SPF一个数值不够，还需要有UVA的标识。

3.4.2 防晒产品UVA标识

不同于国际上统一认可的UVB防护标志“SPF”，目前各国和地区对防晒化妆品UVA防护效果的测试和标识方式完全不一样，没有统一的国际标准。体内法，也就是用人体测试得出的结论（PPD）作为最常见的标识方法被大部分国家接受，也有相当一部分国家使用体外法作为补充。

并没有取得共识，实际上说明了一个很客观的问题：对于UVA的研究并没有取得重大的突破；每种标准都具备一定参考价值，同时也有一定的限制。

防晒课堂Q&A

Q：日常用SPF50的产品皮肤会有压力吗?

A：在皮肤上涂抹任何护肤品或者化妆品，都有可能产生“压力”，因为这些产品包含的物质本不属于人体自然分泌物，这跟这个产品是防晒霜、是粉底还是普通的乳液或面霜无关，只和具体某个成分以及浓度有关。

以前的防晒成分分子量小，容易透过皮肤，甚至产生过敏反应，而随着科技的发展，现在的防晒科技开发出相对较为安全的大分子成分，提高效能，降低使用浓度，同时调整整体剂型，减少刺激和危害，降低渗透效果，用最简单的话说，那些高倍防晒霜已经变得更好用且更安全。

积少成多，集腋成裘，光损伤和光老化可以累积，在自己可以控制的范围能防则防，安全浓度范围的防晒成分并不是洪水猛兽，日霜、日乳和其他面霜的唯一不同之处就是加了防晒成分而已，选择那些以新型防晒成分为主，剂型安全的产品即可。只要擦起来不觉得难受，彻底清洁之后，皮肤每天遭受的压力远远小于不擦防晒霜或者说擦那些效能很低的防晒霜。

例如，澳大利亚采用体外法测得对320～360nm波长的阻隔效果超过90%以上即可标注广谱，广谱这个词说明了这个产品对UVA有理想的防护能力。

而欧洲曾经采用PPD的方式，现在则使用Critical Wavelenth（CW，临界波长）大于370nm，且UVA防护能力（PPD）不小于SPF数值的三分之一作为认定该产品UVA防护能力合格的标准。

体内法（in vivo）是拉丁语中“在体内”的意思，指进行于完整且存活的个体内的组织的实验，而不是一部分组织或死亡的个体。

体外法（In vitro）是拉丁语中“在玻璃里”的意思，意指进行或发生于试管内的实验与实验技术。

PPD——persistent pigment darkening，黑色素持续沉着。

MPPD——minimum persistent pigment darkening dose，最小持续黑色素沉着。

CW——critical wavelenth，临界波长，定义是达到290～400nm 光谱吸收曲线下面积90%的波长数值，其数值越高，能够防护的波长范围就越广。当CW大于370nm时，才可以认为这是一款广谱防晒产品。

什么是CW（临界波长）？

请看下图，假设这个图里面曲线以下的面积就是一块吐司，现在要求垂直切90%卖掉，切到哪个波长点就意味着这个数字就是CW（临界波长）反应的数值。

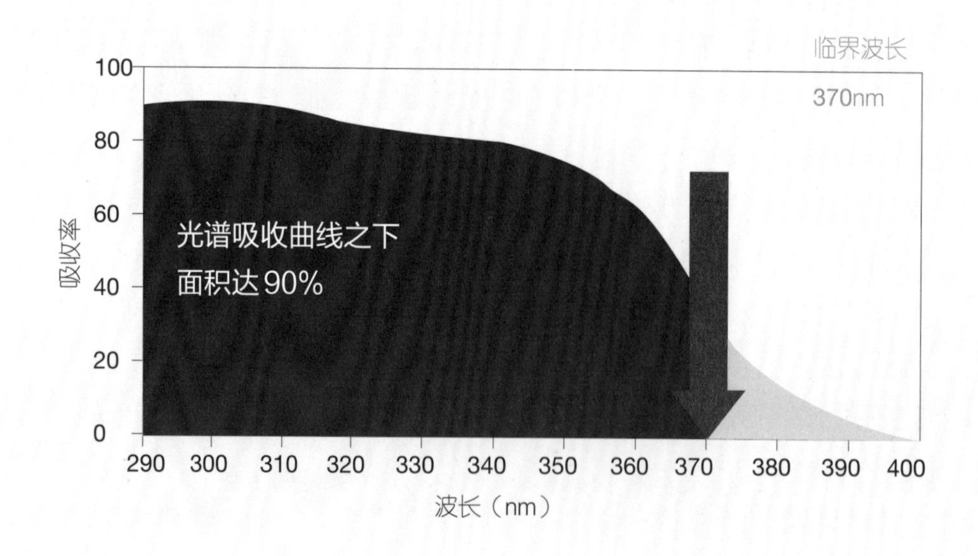

深蓝色部分便是面积的90%，而浅蓝色则占10%。

日本采取的是PA标准，也就是涂防晒化妆品部位的MPPD除以未涂防晒化妆品MPPD获得。

实际上和PPD类似，PA的标准为不同加号的范围。

PA+：PPD2～4，有防护UVA能力

PA++：PPD4～8，中等UVA防护能力

PA+++：PPD8～16，很有效UVA防护能力

PA++++：PPD16以上，非常有效UVA防护能力

（PA++++是日本最新增加的防护能力标识。）

我国防晒产品的UVA标识目前采取的是日本方法，更多是借鉴了人种相同、皮肤色调类似的基础，但是目前还没有根据日本新修改的标准增加PA++++这一档次的标识，所以目前在我国PA+++就是UVA标识的上限。

我们需要了解的是，PPD和PA系统有相应的局限性，它们以“皮肤黑化”为观察点。根据波长越长，能量越小这个定律，320～340nm这个区间段的紫外线贡献了最多的能量，也是对色素沉着影响较大的一部分紫外线，而340～400nm这个区间段的能量虽小，但是作用深度更深，不同于“皮肤迅速变黑”这个效应，它造成的影响不容易被观察到，但会在真皮和皮下逐渐累积，引起光老化和其他很多皮肤反应。因此我们需要结合CW 临界波长这个数值，指导我们选择广谱防护能力的产品。

英国则采取BOOTS 系统评分，见表1。

表1　Boots 星级表示法

光照后	光照前 UVA/UVB 值			
UVA/UVB 值	0～0.59	0.6～0.79	0.8～0.89	≥0.89
0～0.56	无	无	无	无
0.57～0.75	无	★★★	★★★	★★★
0.76～0.85	无	★★★	★★★★	★★★★
≥0.86	无	★★★	★★★★	★★★★★

美国2007年的星级表示法　见表2。

表2　美国食品药品管理局的星级表示法【19】

UVA级别	UVA/UVB 值（体外法）	UVA-PF（体内法）	星级
无UVA防护	<0.2	<2	☆☆☆☆
低	0.2～0.39	2～4	★☆☆☆
中	0.4～0.69	4～8	★★☆☆
高	0.7～0.95	8～12	★★★☆
最高	>0.95	≥12	★★★★

这么多种标识方式，究竟哪个比较客观？

这样的混乱局面说明一个问题，那就是对UVA防护的研究尚处于摸索阶段。毕竟SPF这个数值概念发展了70年才慢慢成熟，而目前为止对UVA的研究仅有二三十年时间，所以尚不能得出一个最终的结论。

体内法（也就是人体法）测量，能够体现人体的生物学反应，但是最大的缺陷是要通过实验者的肉眼观测，必须设定一个“终点”，即发红和黑斑，然而这个终点并不能反映人体皮肤最终受到的损伤，伤害在皮肤下持续发展。此外，人体法使用的光源并不能真实反应自然界的情况，最关键的是人体法成本高，对志愿者有损伤，重复性差，对实验人员要求高，有主观判断因素存在。

而体外法的优点是快速，实验成本低，操作简单，精确且可以预估，没有志愿者参与，所以不存在志愿者健康风险，然而实验室结论与人体之间的关联度并没有想象中那么高，没有实验终点也表明产品的真实效能并不明确。

防晒课堂Q&A

Q：一款产品只标明了SPF没有写PA是不是不能防UVA?

A：取决于这个产品中有没有使用可以抵抗UVA的防晒成分，也就是UVA防晒剂，这个时候可以通过看成分表，查找其中的防晒成分来判断。

有很多产品因为地区销售原因，并不一定会对UVA防护能力作标示，例如美国地区防晒产品的标注只需要写出“broad spectrum”即标示该产品有UVA防护能力，但是能力几何，就无法用PA或者PPD的方法判断了。

从目前的趋势和最新的研究来判断，想要挑选一款UVA防护能力足够的产品，我认为下面两个条件必须满足：

1. 防护波段没有缺失，用CW来表示，就是临界波长不低于370nm，虽然有一些实验证明，超过370nm的波段对皮肤依然有影响，但是能量已经大大减弱。

2. 每天日常使用的产品SPF至少达到SPF30，PPD或UVA-PF超过10或者PA+++以上，烈日下使用的产品SPF保证50以上的基础上，PPD不低于16～20或者PA++++。

3. 夏季和出汗多的场合尽量挑选有防水能力的防晒产品。

我们挑选的产品应该尽可能接近或者满足以上条件，才能在长期使用中起到效果，紫外线的损伤是日积月累、量变引起质变的过程，好习惯+好产品会终身受益。

防晒的过程实际上类似于用一把注定会漏的伞（防晒霜）来躲雨（紫外线），能不能从容走回家就要看伞本身的能力（防晒霜能力）和你在雨中行走的时间（紫外线暴露时间）以及雨的强度（紫外线强度），这三个因素都非常非常重要！

如果是欧洲或者是美国的产品，我们很容易可以从产品外包装上分辨。

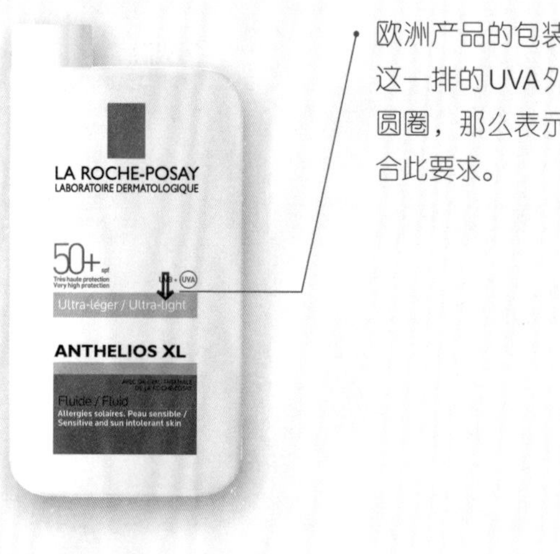

欧洲产品的包装标识如果这一排的UVA外边有一个圆圈，那么表示该产品符合此要求。

美国产品如果有broad spectrum字样，也表示通过了此标准。

而日韩系产品则没有办法从瓶身包装上显示临界波长是否大于370nm，所以我们尽可能选择PA+++以上的产品则比较稳妥。

3.5 防晒霜组成和防晒剂介绍

用最简单的语言来描述，防晒霜是一瓶添加了防晒成分的乳液/霜状产品，但是防晒产品作为一种特殊化妆品，它的制造理念和普通护肤品还是有一定区别的。

我们来看一下一瓶防晒霜里面会有什么成分。

3.5.1 防晒霜中的成分与作用

主要成分	
水	水
吸油粉体、挥发性硅、酒精	质感改善成分
丙烯酸衍生物、硅类衍生物、聚氨酯类衍生物	成膜剂或增强剂
蜡质、其他聚合物	增稠剂
油包水乳化剂、水包油乳化剂	乳化剂
植物油、矿物油、合成酯	滋润剂
UVB 防护剂 UVA 防护剂 广谱防护剂	紫外线防护成分(防晒剂)

	作用
60% ~ 80%	溶解
2%	改善产品质感、快速在皮肤上成膜、控油等
2%	改善产品质感、增强防晒成分效果
0.3% ~ 3%	赋予产品质感、增强附着力
5%	赋予产品乳液或者霜状外形
15%	溶解、稳定紫外线防护成分 提供基础滋润效果
10% ~ 20%	吸收紫外线 达到防护效果

从上图我们可以看到一款产品的组成，配方师为了造出一瓶防护力强大、使用感也舒适的产品，需要花费的心血远超其他任何种类的护肤品。但是大家还是吐槽防晒霜不好用，且让我们来看一下常见的槽点。

油腻

大部分防晒成分都是油溶型，所以需要一些油溶性的助剂才能充分溶解，防晒成分的使用浓度越高，则需要越多的油性成分来帮助它们稳定并均匀分散。

反光

用于溶解防晒成分的油溶性助剂，多少有一些油类的特性，那就是反光；助推的硅类以及帮助成膜的膜性成分也如此。

槽

泛白

我们常说的“物理”防晒成分，严格意义上来说叫作“无机”防晒成分，指的是一些不溶解于水的颗粒型金属氧化物粉体。这些成分是无机物，所以最准确的名词叫作无机防晒成分，例如最常见的氧化锌和二氧化钛。

由于先天特性，它们必须要在“防护力”和“透明度”上取得平衡，大颗粒的无机粉体防护波段最广，能够防护可见光，因而就能被肉眼看见，这就是“泛白”的原因，小颗粒的无机粉体改善了泛白成分，可以做到较为透明的质感，但是防护力就有一定程度下降。

点

拔干

防晒霜需要迅速在皮肤上形成一层稳固的膜，否则汗水和皮脂分泌会很快破坏这层膜状结构，使防紫外线的效果打折扣。既然要快速形成防护膜，必然要用到酒精或者挥发硅类等成分，这一点在那些强调防水、防汗的产品中表现特别明显，相当于给皮肤穿一层液体做的紧身衣，这样防晒霜的质感就和湿润、舒适、无负担无缘了。

搓泥

本身防晒产品里面就有一些成膜成分，很多人涂抹时不注意，在脸上来回地搓，若碰到之前擦的产品中的胶体成分，很容易便搓泥起球。

防护力

防晒成分是防晒霜发挥防晒效果的基础，这些成分的详细介绍我们留给下节。防护力与使用的成分及浓度有关，如果想要更高级别的防护，质感便难以令人愉悦；而那些质感舒适的防晒产品，要么防晒成分浓度和配伍方面有一定的妥协，要么就会使用大量的收敛和控油成分，不易推开，难以与后续彩妆搭配或者是难以清洁。

理想的防晒霜应该满足下面的特征，这些特性的重要程度从上至下排列：

1. 广谱防晒，不光是UVB，也应该有一定能力的UVA防护能力。

2. 防晒成分安全，浓度适中。

3. 有一定防水、防汗效果。

4. 质感舒适，无明显油光和泛白。

5. 包含镇定和抗氧化等有效成分，减少那些漏网之鱼的紫外线对皮肤造成的损伤。

6. 有合适的性价比，让消费者能坚持足量使用。

其中防晒霜优秀与否的最重要指标，就是其实际防护能力，脱离了防护能力仅用“清爽不油腻”来评价防晒产品，是一种本末倒置的行为，但是我们也不应该一味的追求高效防护能力而忽略了产品的易用性。

防晒霜的防晒能力完全取决于其中使用的不同种类防晒剂的配比，下面我们会用比较长的篇幅介绍这几十种不同防晒剂的特性，希望能帮助大家判断所使用的防晒霜是否达到自己的要求。

3.5.2 防晒剂的分类及作用原理

1999年，美国FDA批准了16种防晒剂以及它们的最大用量，并把它们称为“无机”（inorganic）及“有机”（organic）防晒剂，取代以前的“物理”（physical）及“化学”（chemical）防晒剂的说法。

然而在中国，消费者更倾向于接受“物理”和“化学”防晒这样的说法，其实这是不正确的表达方式。我们现在用的很多所谓的“物理”防晒霜，例如含有氧化锌的防晒产品，如果擦上去没有油腻泛白的感觉，实际上已经是微粒化的氧化锌，它们的作用原理已经不再是以前大颗粒的物理“反射”紫外线，而是吸收紫外线的化学原理。

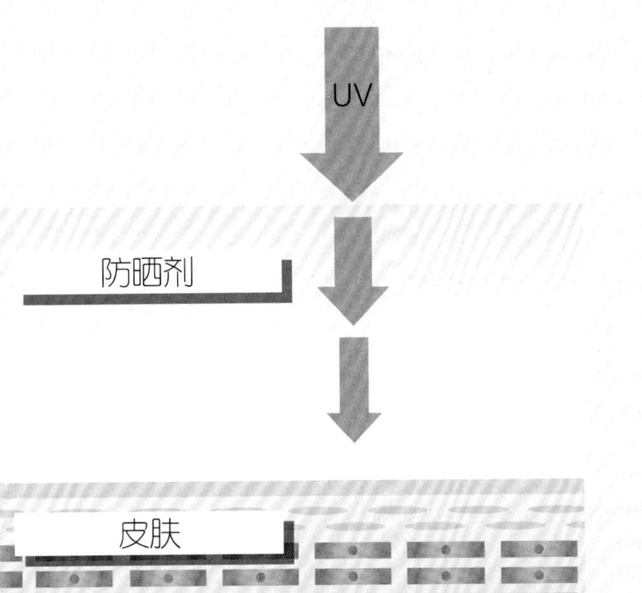

有机防晒剂

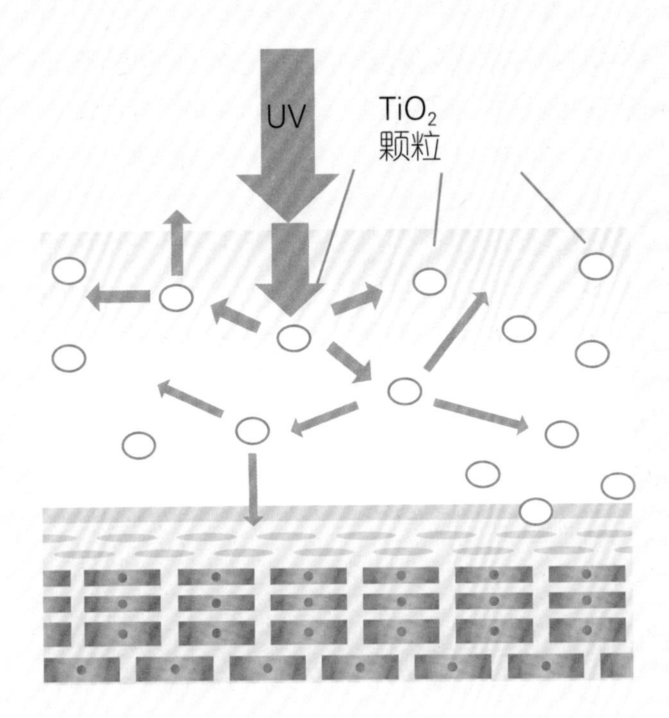

无机防晒剂

3.5.3 无机防晒剂的作用原理

无机防晒剂具有广谱的防护效果及光稳定性，通过微粒反射、散射及吸收紫外线，避免了紫外线穿透皮肤造成关键物质（如DNA、蛋白质和脂质成分）的损伤，其粒子的大小决定其能吸收紫外线的波长长短。单独应用需涂抹得比较稠厚才能达到有效的防晒效果，这时也能散射可见光，也就是我们说的“泛白”现象。

传统的大颗粒氧化锌和二氧化钛，严格意义上都是全波段防护（包括可见光）的，类似于一个物理屏蔽的面罩一样，阻止所有光线穿透进皮肤，不可避免地就像刷墙一样涂了个艺伎妆，尽管这是最为安全、经济、环保的选择，却让绝大多数人无法忍受。

为了解决大颗粒无机防晒粉体产品的厚重及泛白问题，化妆品学界研发出微米级甚至纳米级产品。这个尺寸大小的物质有其特殊的作用原理，从原来的遮蔽、折射、反射效应慢慢过渡成了吸收紫外线效应。如果粒子直径缩减至纳米级的大小，将减轻散射可见光导致的泛白现象，使用起来更加透明，然而它所能防护的紫外线区间范围将缩小，损失一部分对长波UVA防护能力。

氧化锌微粒能防护UVB至中长波UVA波段，二氧化钛微粒主要防护UVB至中波UVA波段，因此，氧化锌较二氧化钛具有更好的UVA防护性能，二氧化钛有更高的折光率，因此更易泛白。由于静电作用，微粒化的氧化锌和二氧化钛易于聚团而失去效力，因此它们常常被二甲基硅油或二氧化硅包裹来保持其处于分散状态，此外，这样处理也能显著降低这些微粒的光敏性，减少这些纳米物质产生自由基对皮肤造成损伤的可能性，有些经过特殊处理过的包裹型微粒化产品甚至能够对抗自由基。

3.5.4 有机防晒剂的作用原理

有机防晒剂因其特殊的化学结构吸收特定波长紫外线，吸收的能量以热能释放出来。生色团含有以重键形式存在的电子，一般是共轭双键，其结构的细小变化都能造成紫外线吸收峰的改变，因而影响其光防护性能，一般来说，含有越多的共轭双键，其吸收峰的波长越长。

紫外线光子含有的能量引发防晒剂分子中的电子转移至高能量轨道，转化为高能量激发态。处于激发态的分子是不稳定的，分别以三种形式释放吸收的能量：

1. 该分子仅仅从激发态失活回到基态，并把其吸收的能量以热能释放出去。这时分子完全恢复其再次吸收紫外线的能力，称之为光稳定性。
2. 结构改变或者降解，丧失吸收紫外线的能力，光防护性能迅速下降，称之为光不稳定性。
3. 激发态的分子与其周围物质相互作用，例如防晒剂中的其他成分、空气中的氧或者皮肤活性成分（如蛋白质、脂类等），生成有害产物，称之为光敏性。

例如，市面上用得最多的UVA有机防晒剂Avobenzone，它本身就比较不稳定，吸收了热能之后，如果没有配合其他稳定剂使用，就会分解成另外一种结构，失去效能，还有可能会刺激皮肤；所以需要结合其他稳定型防晒剂等多重保护，让能量转移到其他具有自我恢复能力的稳定防晒成分上，避免Avobenzone的降解。

3.5.5 无机防晒剂的安全性问题

人们一直认为无机防晒剂是大颗粒的、惰性的粉体，不会溶解，也不能被皮肤吸收，所以最安全，不会产生过敏反应，即便非常敏感的皮肤、婴幼儿或孕妇也可以使用。

然而现在无机防晒剂微粒化是一个不可阻挡的趋势，因为这能相对解决其泛白和厚重的问题。但随着其微粒直径的减小，透皮吸收可能性增加，防护能力亦逐渐减弱，其反射及散射紫外线的光谱变窄；并且体外实验中微粒化的氧化锌和二氧化钛能产生自由基，虽然使用包裹处理的微粒化产品解决了自由基问题，但是包裹效能并非百分之百。

目前对于微粒化无机防晒剂穿透皮肤的研究尚无确切定论，有研究发现含有10%的微粒化二氧化钛(< 60 nm)和氧化锌(< 160nm)的防晒霜不能穿透实验动物表皮的角质层。另外一些报道指出，防晒产品中含有的不同程度微粒

化的二氧化钛(10～100 nm)都不能穿透志愿者皮肤角质层。

所以目前世界各国许多化妆品和药品联盟综合多项研究，认为这些超细微粒在人体皮肤表面使用是安全的，然而欧洲对此抱着谨慎态度。

3.5.6 有机防晒剂的安全性问题

很早就有相关研究表明某些有机防晒剂有激素样作用：例如Oxybenzone、Homosalate、Enzacamene、Octinoxate、 Padimate 0作用于乳腺癌细胞株，这5种成分都能造成细胞不同程度的增殖，Enzacamene的增殖效应可以被雌激素拮抗剂抵消；用上述五种物质饲养未成年的大鼠，发现喂以Enzacamene或Octinoxate的大鼠，其子宫重量呈剂量相关性增加，Oxybenzone也有少量该作用；而且经皮给予未成熟的无毛鼠Enzacamene，亦能增加其子宫的重量。

但是，上述研究的剂量不能真实反映人体实际使用情况，欧盟化妆品及非食品科学委员会（SCCNFP）宣称不管在体内或体外实验，防晒剂的相对雌激素作用能力为阳性对照组雌二醇[1]的百万分之一。

看不太懂什么意思？没关系，用一句经典的话来解释：抛开剂量谈毒性就是耍流氓。

“抛开剂量谈毒性都是耍流氓”

根据多个研究报告显示，在皮肤上使用含有Oxybenzone的产品，大概有10%的Oxybenzone可以穿透皮肤，最后通过尿液和粪便排泄，连续4天在健康志愿者全身涂抹2mg/kg的含有Oxybenzone的产品，最高测出的血药浓度是238ng/ml，这个浓度是最大可以耐受的血药浓度（不产生毒性反应的剂量）的0.68%，也就是说，虽然它会吸收入血，但是目前认为这个剂量不足以对人体产生干扰。

而Octinoxate，实验表明全身涂抹含有10%的Octinoxate产品，造成的全

1　雌二醇：一种体内产生的雌性激素，能够与雌激素受体结合，产生调节生殖系统生理功能的作用，许多环境污染物进入体内，也有类似于雌激素的作用，干扰人体的内分泌激素。

身循环量每天大约是0.96mg/kg，它的吸收入血的比例是2%左右，这只是造成生理干扰的剂量450mg/kg的1/500，同样，这个剂量也不足以造成很大的问题。当然这些实验中的志愿者是健康成年人，如果是那些需要特殊关照的孕妇和婴幼儿，则需要彻底断除环境雌激素的干扰，防晒霜里面的这几个防晒成分，能避免则避免。

因此，有机防晒剂的激素效应存在较多争议，这些防晒剂的雌激素作用的临床意义尚不明确，需要更多人体样本实验的证实。

3.5.7 防晒剂——不同地区的竞争

通过在上一章节中详细讲述了各地区的防晒标准，我们会发现一个很有趣的现象，那就是无论是防晒霜的防护标准，还是防晒成分的批准使用种类都不尽相同，类似各个国家的货币和语言无法通用一样。

举个很简单的例子，如衡量UVA防护能力，日本和中国用的是PA，用加号表示；而欧洲有的用PPD具体数字，有的直接在UVA外面画圈表示“UVA防护能力合格”；英国的Boots 星级评分系统则是1～5个星号表示不同的UVA防护能力；美国则是用Broad Spectrum表示认可这个产品是广谱防晒产品。

为什么会有这样的现象呢？说得直白一点，就是大家谁也不服谁。美国暂时没有研究新型优秀防晒成分的化工集团，所以美国政府不惜实行“闭关锁国”政策也要把所有的新防晒成分拦在门外，业内科学家集体上书，民众纷纷国外代购都无法推动他们改革的进程，这便是大财团背后的利益使然。

这样混乱的局面对于我们消费者来说则产生了一定的混淆，我们应该参考哪个国家或者联盟的标准，如何挑选能力最强也最适合我们的产品呢？

接下来就是这本书最难的部分，也是我个人最喜欢的部分，“授人予鱼不如授人以渔”，了解了不同的防晒成分的特性和搭配，你自然可以挑选出符合需求的产品。

3.5.8 不同成分的防护波段和防护力

下面这一节的内容比较专业，供有兴趣的同学参考体会：

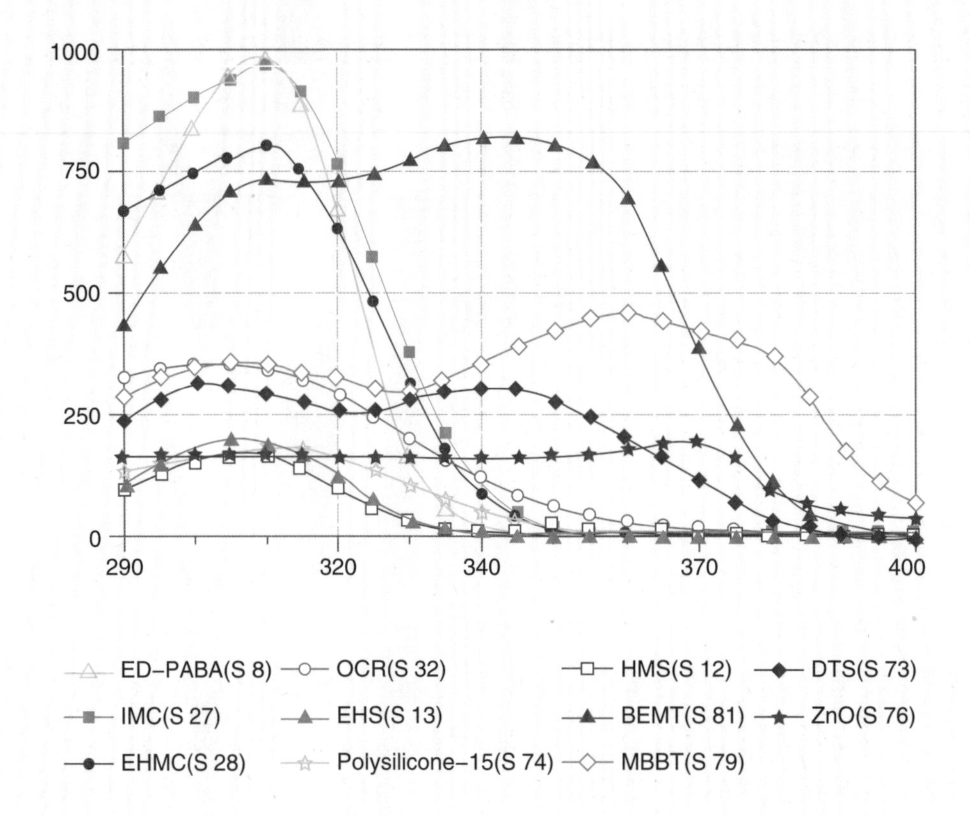
1000
750
500
250
0
290
320
340
370
400
ED–PABA(S 8)
OCR(S 32)
HMS(S 12)
DTS(S 73)
IMC(S 27)
EHS(S 13)
BEMT(S 81)
ZnO(S 76)
EHMC(S 28)
Polysilicone–15(S 74)
MBBT(S 79)

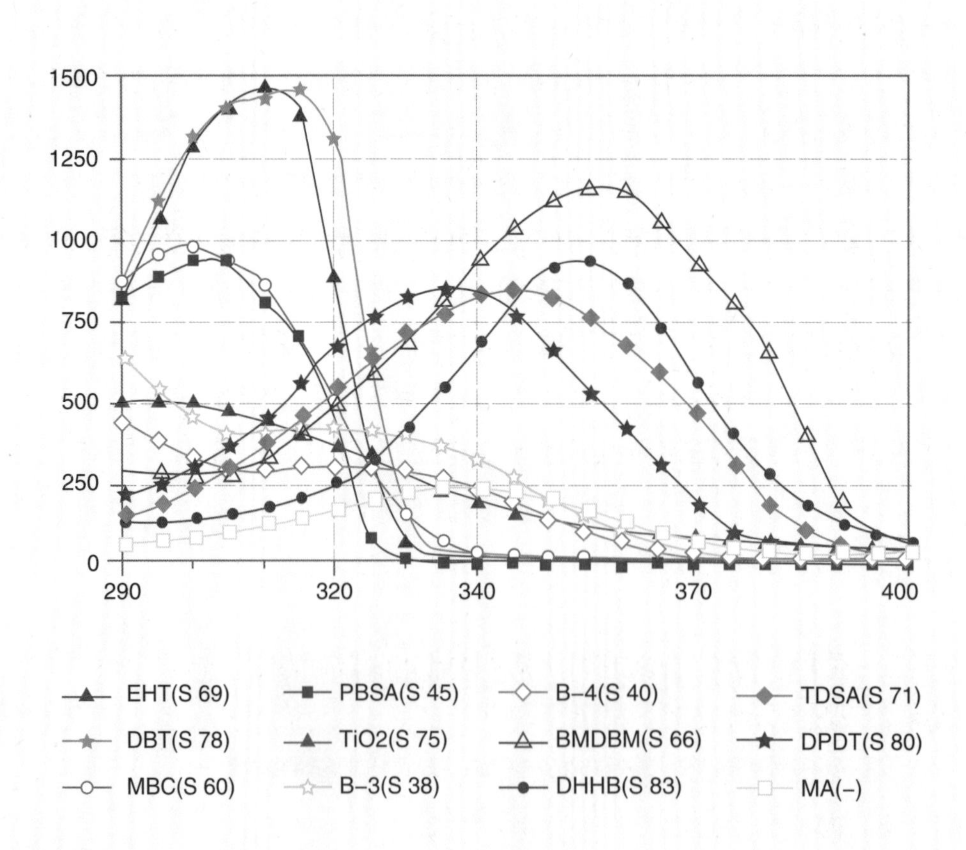
1500
1250
1000
750
500
250
0
290
320
340
370
400
EHT(S 69)
PBSA(S 45)
B–4(S 40)
TDSA(S 71)
DBT(S 78)
TiO2(S 75)
BMDBM(S 66)
DPDT(S 80)
MBC(S 60)
B–3(S 38)
DHHB(S 83)
MA(–)

请参考左边两个图，其中纵轴也就是防护能力的体现，位置越高则能力越强，横轴表示在不同防护波段的表现。

这些防护图采用的是缩写，具体成分请参考本节第83页附录一。

3.5.9 防晒霜——多种防晒成分的组合搭配

防晒霜是多种防晒成分配合的产品，光是这二十几种防晒成分，就有千变万化的配方，那么我们怎么判断这个产品是否合理且强效呢?

用一句最简单明了的话来概述：现代防晒霜，拼的就是UVA防护能力。

为什么呢? 正如我们在防晒霜历史一节讲到的，UVB的防护体系和防护成分已经研究得非常透彻且有国际通用的防护标准，只要SPF大于一定数值，我们都可以认为该产品的UVB防护能力合格。但是认真看完上一节的内容，我们不得不接受一个事实：UVA的防护体系和标准目前还是处于一种“各自为政”的混乱状态。

原因很简单，UVA防护的研究仅仅经历了二三十年，而且从目前的研究水平来看，我们现阶段使用的UVA防护成分各自有优缺点，没有办法完全互相取代。

接下来就是我们这一节内容的重点，希望看完下面的内容，各位亲爱的读者就可以用简单轻松的方式，选出UVA防护能力靠谱且稳定的防晒产品。

首先我们还是举两个例子，相信大家看完这两个例子，就知道为什么我们不能只看包装上的数值和PA的几个加号就判定一个防晒霜的真实防护能力，也能了解不同的防晒配方的差别究竟体现在哪里。

3.5.10 同样的标识，不同的防护力

上一节我们介绍了临界波长CW这个概念，临界波长大于370nm才能被认定为广谱防晒产品。

下面是同样标识为SPF16的防晒霜，因为使用的防护成分不同，最终的防护能力有很大的差异。

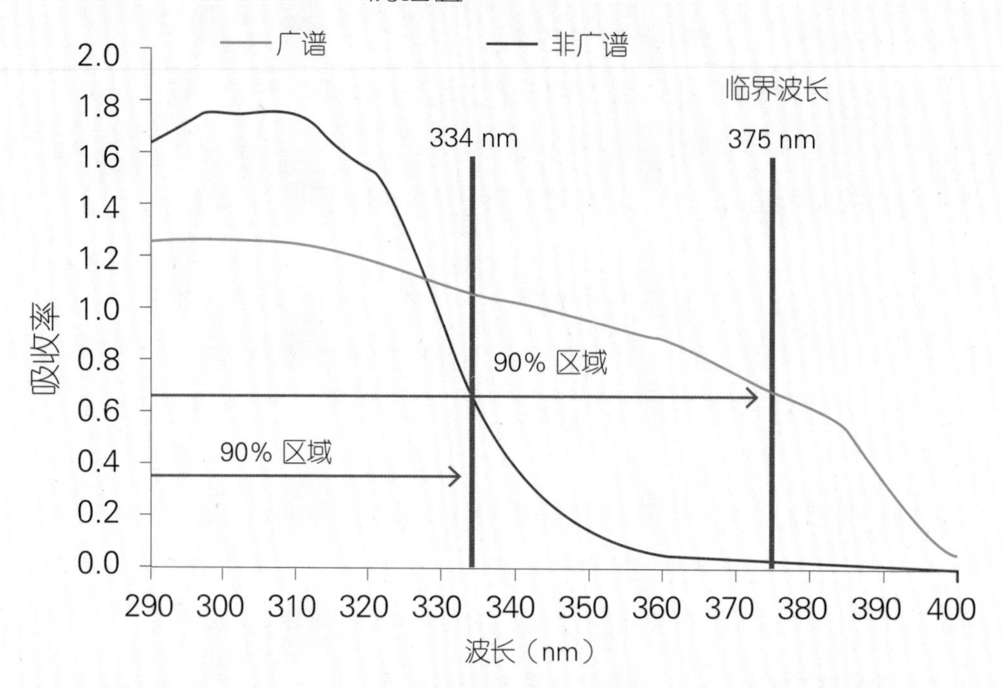

其中的纵轴标识的是吸收紫外线的能力，而横轴标识从左到右波长依次增加，蓝色的曲线表示广谱防晒产品，而红色曲线表示非广谱防晒产品。

可以很容易地发现，红色的非广谱防晒产品到了UVA波段的时候能力已经大大下降，而蓝色曲线代表的广谱防晒到了长波UVA波段也就是375nm这个区域都还有不错的吸收能力。

我们可以这么认为，非广谱防晒产品对UVA的吸收能力较差，不足以满足我们全波段防护的需要，而广谱防晒产品照顾到了370nm的防护区间，在目前的阶段是属于比较优秀的那一类防晒产品。

所以合适的防晒霜，首先就应该满足广谱全波段这个要求，一般来说美系的广谱防晒产品会标出broad spectrum，意味着临界波长大于370nm，欧洲标准则更为严格，一般欧洲售卖的产品至少会达到临界波长大于370nm，且PPD值大于SPF的三分之一。

而国内和日系防晒产品一般不会标出具体的临界波长，建议选择PA三个加以上的产品，并尽量挑选含有氧化锌、BMDB6M、DHHB、MBBT、TDSA及DPDT这些能够照顾到370nm以上波段的防晒成分的产品。

3.5.11 同样的防护力，不同的稳定性

下面我们来看两款不同的SPF10产品的吸收曲线，和上面的图例不同的是，这次考验的是这两款产品在接受了不同紫外线强度照射和不同辐射时间后，紫外线吸收能力是否有变化。

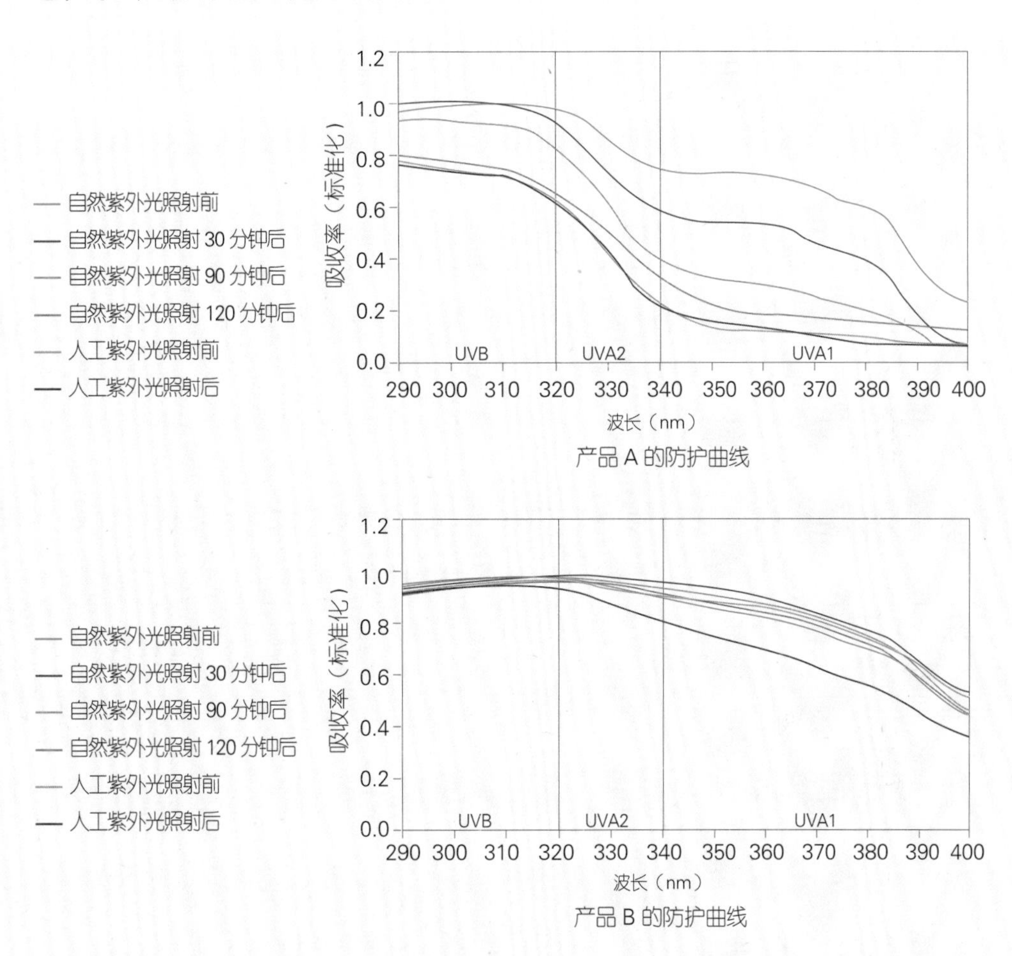

产品 A 的防护曲线

产品 B 的防护曲线

我们就算不纠结这么多曲线表达的意义，最直观的感受就是，产品A在接受了不同强度和时间的紫外线辐射之后，吸收紫外线的曲线发生了巨大的变化，接受紫外线照射的强度越大时间越长，则吸收能力下降得越多。而产品B在自然强度的紫外线辐射下，曲线基本上没有太大的变化。

最简单的结论就是，产品A对紫外线不稳定，随着时间的推移，防晒能力慢慢变弱，甚至可能消失。而产品B对紫外线较为稳定，可持续发挥稳定的吸收紫外线能力。

所以，不同的防晒剂的组合，一加一可以等于二，也可以大于二（互相增强），也可以小于二（加速失效），我们只能遵循一些常见的组合模式或者是公认的搭配方式。不过无论怎么搭配组合，防晒剂的天然性质是很难改变的，例如防护波段和安全性。

防晒课堂Q&A

Q：使用了一年的产品可以第二年再用吗？

A：一般来说，护肤品开瓶之后最迟要求12个月内用完，一般都是要求6个月左右，甚至有要求3～4个月内用完的，正规的产品瓶身上都有标注。

保存过久的产品，不仅有细菌滋生的风险，对防晒产品来说，不恰当的保存会加速防晒成分失效；虽然不会完全无效，至少防晒能力在慢慢减退，某些不稳定的防晒成分失效后分解产生的代谢产物还有刺激皮肤的可能性。

3.5.12 简单原则挑选出UVA防护能力好且稳定的防晒产品！

正如上面介绍所说，以现今的防晒技术，几乎所有品牌都可以轻松达到UVB防护的要求，而UVA防护能力则天差地别，所以在这里我们主要教大家从关注UVA防护成分的角度挑选出适合自己的产品。

第1步　确定产品的防晒成分

对于那些不懂得化妆品成分的消费者来说，这一步就足够让大多数人望而却步，如果你愿意花一点时间来认真研究这些成分，就能挑选到适合自己的防晒产品。附录一的那张防晒成分名称对照表可以供各位参考。

第2步　初步分类

首先我们可以在防晒霜的配方中寻找氧化锌（Zinc Oxide）、二氧化钛（Titanium Dioxide），如果包含这两种成分，说明这个产品采用无机粉体作为防护体系的一部分。

如果防晒霜只含有这两种成分或者只使用其中一种，而不再添加任何其他有机防晒成分（也就是俗称的化学防晒成分），那么可以认定这个产品为无机防晒（纯物理防晒）产品。

如果防晒霜中不包含这两种成分，而使用其他的有机防晒成分，那就是我们俗称的纯化学防晒霜。

如果防晒霜里面同时包含了无机粉体和有机防晒成分，就是我们俗称的物化结合配方防晒霜。

防晒体系	优　点	缺　点
无机防晒（纯物理防晒）	相对较温和，引发过敏率低，适合婴幼儿和非常敏感的皮肤。防护能力均衡，覆盖到UVB和大部分UVA，对紫外线非常稳定，不易失效	质感可能较为油腻，传统的大分子粉体不仅油腻还泛白，现代微粒化的粉体颗粒较为透明无负担，但是防护能力下降，需要使用较高浓度；透光率较高，相对有机防晒成分能力稍弱，防护面是一个一个的小点，中间有空隙
有机防晒（纯化学防晒）	综合几种在各自防护波段中能力较强的成分，可以达到全波段的强力防护，防护能力可控，质感可以做得较为清爽，外观较透明，透光率低	某些防晒成分可能会造成皮肤刺激，某些成分容易被皮肤吸收，某些不恰当的防晒成分配伍对紫外线不稳定，可能会在短时间内失效

第3步　确定UVA防护成分

真正在UVA波段有防护能力的成分来来去去就这么几个，如果一个防晒霜中包含下面成分中的任何一种，可以认为这个防晒霜具备一定的UVA防护能力。

INCI名	商品名或通用名	中文名	缩写
Titanium Dioxide	n/a	二氧化钛	TiO2
Zinc Oxide		氧化锌	ZnO
Butyl methoxy dibenzoylmethane	Avobenzone	丁基甲氧基二苯甲酰甲烷	BMDBM
Terephthalylidene dicamphor sulfonic acid	Mexoryl SX (ecamsule)	对苯二亚甲基二樟脑磺酸	TDSA
Drometrizole trisiloxane	Mexoryl XL	甲酚曲唑三硅氧烷	DTS
Bis-ethylhexyloxyphenol methoxyphenyl triazine	Tinosorb (Bemotrizinol)	双 - 乙基己氧基甲氧基苯基三嗪	BEMT
Methylene bis-benzotriazolyl tetramethylbutyl-phenol	Tinosorb M (Bisoctrizole)	亚甲基双 - 苯并三唑基四甲基丁基苯酚	MBBT
Disodium phenyl dibenzimidazole tetrasulfonate	Neo Heliopan AP	四磺酸钠苯基双苯并咪唑	DPDT
Diethylamino hydroxybenzoyl hexyl benzoate	Uvinul A Plus	二乙氨基羟基苯甲酰基苯甲酸己酯	DHHB

其中最重要的是氧化锌、BMDBM、BEMT、MBBT及DHHB这五种成分，它们构成了UVA防护的第一梯队，含有这五种成分其中一种或者数种，则是广谱UVA防护能力的保证。

如果是剩下的二氧化钛、TDSA、DTS及DPDT的话，它们就需要相互抱团才能达到良好的防护效果，或者是直接抱第一梯队的“大腿”。

这样看起来似乎很简单，但是BMDBM的存在，让整个配方体系变得非常不可控，需要我们具体分析。

回顾防护波段图我们可以看到，BMDBM（也就是Avobenzone）的防护力在UVA波段还是非常给力的，无论是防护波段覆盖面，还是吸收紫外线的性能，都强于其他UVA防护成分，所以在防晒产品中，使用3%的浓度即可达到一定的防护效果。

但是给力并不代表稳定长效，BMDBM最受人诟病之处就在于它本身是一种非常不稳定的成分，被紫外线照射一定时间之后就会分解失效，这些失效的物质还有可能刺激皮肤。

所以化妆品行业为此开发了多种成分和配方体系，以求让成分稳定，且防护能力不会衰减。

最常见的稳定方式就是复配其他稳定型防晒成分，例如Octocrylene、Tinosorb、Oxybenzone，或者单纯的淬灭剂Diethylhexyl-2,6-Naphthalate与Polyester 8等，同时配方中不能含有Octinoxate。

如果在世界范围内寻找产品，可以使用的配方体系就太多了。

或者使用日系产品爱用的配方，以物化结合的方法来达到均衡适中的防护效果。

典型的美系稳定配方

Neutrogena Ultra sheer dry-touch sunscreen SPF85+

露得清清轻透防晒乳

防晒成分：Avobenzone(3%), Homosalate(15%), Octisalate(5%), Octocrylene(4.5%), Oxybenzone(6%)

这个产品中使用了三重稳定配方：用一定比例的Octocrylene、Oxybenzone、Diethylhexyl-2，6-Naphthalate这三个成分共同稳定Avobenzone，这也是许多美系防晒产品使用的稳定体系。

从这些所谓的“稳定配方”所使用的成分来看，这三个成分或多或少有一定安全性上的争议，也就是有一定的刺激性，但是美国可以使用的UVA化学防护成分仅有BMDBM一根独苗，而其他的稳定成分并没有拿到在美国市场使用的许可证，所以这样的稳定方式也是不得已而为之。

典型的欧系稳定配方

La Roche-Posay
Anthelios XL SPF 50+
理肤泉特护清爽防晒露

防晒成分：Butyl MethoxydibenzoylMethaneoctocrylene，Drometrizole Trisiloxane，Ethylhexyl Triazone，BIS-ethylhexyloxyphenol Methoxyphenyl Triazine，Iterephthalylidene Dicamphor Sulfonic Acid

非常经典且强力的配方，使用了Octocrylene、BEMT、DTS、TDSA等多种稳定型防晒成分来稳定BMDBM，防护波段更完整且足够强大。但是使用的油溶性成分相应较多，容易造成油腻和反光的效果，甚至有可能会搓泥。

典型的日系稳定配方

SHISEIDO ELIXIR Superieur Day Care Revolution SPF50+ PA++++
怡丽丝尔日间防晒美容乳液

防晒成分：Zinc Oxide，Octinoxate，Uvinul A Plus Sulfonic Acid

氧化锌配合Octinoxate是非常经典的日本物化结合配方，日系高超的处理技术，可以让这样的配方做到轻盈不泛白，而Uvinul a Plus的广泛使用让日系产品也能拥有更高的UVA防晒效果，突破以前的PA+++的天花板，日系防晒霜全面进入PA++++的时代。但是日系偏爱清爽无负担质感，因而成品配方会受到相应的限制，例如防晒剂的种类会相应减少一些，而浓度也并不像欧系那么高，所以日系防晒成分的防护能力整体弱于欧系。

附录一　常见防晒成分名称对照表

INCI名	商品名或通用名	中文名	缩写
Titanium Dioxide		二氧化钛	TiO_2
Zinc Oxide		氧化锌	ZnO
Butyl methoxy dibenzoylmethane	Avobenzone	丁基甲氧基二苯甲酰甲烷	BMDBM
Terephthalylidene dicamphor sulfonic acid	Mexoryl SX (ecamsule)	对苯二亚甲基二樟脑磺酸	TDSA
Drometrizole trisiloxane	Mexoryl XL	甲酚曲唑三硅氧烷	DTS
Bis-ethylhexyloxyphenol methoxyphenyl triazine	Tinosorb S (Bemotrizinol)	双 - 乙基己氧基甲氧基苯基三嗪	BEMT
Methylene bis-benzotriazolyl tetramethylbutylphenol	Tinosorb M (Bisoctrizole)	亚甲基双 - 苯并三唑基四甲基丁基苯酚	MBBT
Disodium phenyl dibenzimidazole tetrasulfonate	Neo Heliopan AP	四磺酸钠苯基双苯并咪唑	DPDT
Diethylamino hydroxybenzoyl hexyl benzoate	Uvinul A Plus	二乙氨基羟基苯甲酰基苯甲酸己酯	DHHB
2-Ethylhexyl methoxycinnamate, octyl methoxycinnamate	Tinosorb OMC	甲氧基肉桂酸辛酯	EHMC
2-Phenylbenzimidazole-5-sulfonic acid	Ensulizole	2-苯基苯并咪唑-5-磺酸	PBSA
3-benzylidene camphor	Unisol s 22	3-亚苄基樟脑	BC
4-Methylbenzylidene camphor	Enzacamene	4-甲基亚苄基樟脑	4MBC
Polyacrylamidomethyl benzylidene camphor	Mexoryl sw	聚丙烯酰胺甲基亚苄基樟脑	PABC
Menthyl 2-aminobenzoate, menthyl anthranilate	Meradimate	邻氨基苯甲酸薄荷酯	MA

续表

INCI名	商品名或通用名	中文名	缩写
Homomenthyl salicylate	Homosalate	水杨酸三甲环己酯	HMS
Octyl salicylate , 2-ethylhexyl salicylate	Octisalate	水杨酸异辛酯	EHS
2-Ethylhexyl-2-cyano-3,3 diphenylacrylate	Octocrylene	奥克立林	OCTR
Benzophenone-3	Oxybenzone	二苯甲酮 - 3	B3
Benzophenone-4		二苯甲酮 - 4	B 4
4-aminobenzoic acid	PABA	4-氨基苯甲酸	PABA
Octyl dimethyl PABA	Padimate-O	辛基二甲基对氨基苯甲酸	ED PABA
PEG-25 PABA	PEG-25 PABA	PEG-25 氨基苯甲酸	P25 PABA
Ethylhexyl triazone	Uvinul T 150	乙基己基三嗪酮	EHT
Octyl methoxycinnamate	Octinoxate	甲氧基肉桂酸辛酯	OMC
Isoamyl methoxycinnamate	Uvinul n-539	甲氧基肉桂酸异戊酯	IMC
Diethylhexyl butamido triazone		二乙基己基丁酰胺基三 嗪酮	DBT
Phenyl benzimidazole sulfonic acid	Eusolex 232	苯基苯并咪唑磺酸	PBSA
Polysilicone-15	Parsol plx	聚硅氧烷-15	BMP

补充说明：

本表涉及成分中，有部分已经不再使用，而其他成分各国规定使用的浓度和限制各有不同，商品名和通用名仅做部分介绍。

3.6 防晒霜究极使用法则PFRC

经过多年的摸索和研究，我在这里将向大家介绍个人最满意的防晒策略，称之为**PFRC防晒法则**。在这个原则的指导下，大家可以自由发挥，结合自身特点找出最适合自己的产品使用流程，达到满意的防晒效果。

这也是本书的重点，希望大家多多试验并根据自身情况调整哦！

关于防晒产品的使用，不同的皮肤有不同的流程和产品选择，我们需要根据自己皮肤的性质（干/油，敏感/不敏感等）、外界的环境（温度高低和空气湿度）、产品性质（防护力/滋润/保湿/干爽/控油）和你日间的活动（长时间暴露烈日下/空调房内）来调节，没有一种措施适合所有人，想要获得完整而舒适的防护就应该综合考虑各种因素，选择不同的防晒产品并搭配其他产品来达到最好的效果。

对于其他护肤品来说，更重要的是好习惯的养成和细水长流的坚持，产品则是个人喜好和消费习惯的选择。而防晒产品就不一样了，有效且使用感舒适在整个防晒流程中占据举足轻重的地位。举个很简单的例子，别人可能都看不出来你今天擦的究竟是La Mer还是Nivea，但是路人都能分辨这个防晒霜是不是适合你。

擦起来让自己不舒服的防晒产品，每次擦它都会有抗拒心理，自然你就只会在不得已的情况下才擦防晒霜，那么现在皮肤学界提倡的“日常防晒”对你而言就是个负担。只有擦起来很舒适的产品，你才会把它当成日常护肤不可割舍的一部分，每天坚持使用。

因为防晒霜的性质太特殊，我们接下来要花很长时间来介绍防晒霜的不同特性和使用方法，没有一款防晒霜适合所有人和所有不同环境，希望大家在看完接下来的这部分内容之后，能够选择出适合自己的产品，并学会怎样使用它们，这也是这本书最大的意义所在。

以下提到的产品仅作举例参考，大家可以结合自己的使用感受和经验，替换成自己喜欢的类似功效的产品。

P=Prepare+Prime

涂抹防晒霜之前需要做什么准备工作呢？做好这两步，能让防晒产品达到事半功倍的效果

Prepare准备

防晒霜涂抹于清洁而平整的皮肤上，它的分布才能达到最好。用简单的话来说，把防晒霜当成粉底来处理，涂得越均匀自然能获得越完整的防护。

因此，清洁+基础滋润必不可少，保证皮肤湿润、平滑则是最低的要求。在干燥甚至脱皮的皮肤上擦防晒霜，很难擦均匀，同时许多防晒产品的质地会加重这种干燥的状况。

开始防晒之前使用少量滋润产品作为打底非常重要，这样做的好处在于几个方面：

1 让防晒霜更好推开，更容易抹匀。

2 减少防晒霜中某些收敛成膜型成分导致皮肤干燥的情况。

3 保湿乳液中的镇定成分能够减少防晒产品的刺激性。

4 保湿乳液中如果包含了抗氧化成分，则能够进一步降低紫外线损伤。

5 良好的保湿体系能让防晒产品更容易卸除。

滋润产品推荐：

日系爽肤水+乳液的组合，得益于它们精益求精的制造工艺和有地域特色的配方体系，最不容易与后续的防晒霜产生冲突，因此也最适合作为防晒霜的打底产品。根据自己皮肤干/油程度，调节水和乳液的使用量，必要的话，尽量使用化妆棉涂抹水乳，避免油腻的肤感。

极端情况下，你可以用不含粉体的欧美系妆前乳作为准备型产品。例如中干性皮肤可以考虑Giorgio Armani PRIMA glow-on moisturizing balm。

干性肌肤适用

Giorgio Armani PRIMA glow-on moisturizing balm

阿玛尼光钥新肌柔光水润霜

产品特点：独特雪融质地，保湿力度佳，与皮肤贴合度高，也让后续防晒霜和粉妆附着更好。

MAC PREP+PRIME MOISTURE INFUSION SERUM

魅可妆前保湿精华乳

产品特点：提供保湿、镇定以及抗氧化成分，较为清爽的质地。

油性皮肤可以用控油妆前乳，但是一定要掌握好使用量，并考虑后续的防晒是否有拔干情况，否则过度收敛皮肤，容易导致毛孔问题。

油性肌肤适用

DIOR CAPTURE TOTALE DREAMSKIN PERFECT SKIN CREATOR

迪奥梦幻美肌修颜乳

产品特点：修饰肤色不均、毛孔、细纹等问题，有助于后续产品均匀分布。

Shu uemura POREraser UV under base mousse

植村秀毛孔柔焦CC泡沫隔离液

产品特点：轻盈慕斯质地，控油效果出色，持续时间也较长，两种颜色适合不同类型皮肤，起到修饰毛孔和提亮效果。

TIPS 1

我们需要避免一些特殊质地的产品，尤其是粘稠的精华液、胶状的化妆水这些含有胶体的产品，它们会造成防晒霜在涂抹的过程中聚集在一块，也就是俗称的“搓泥”现象，如挤出来是不均匀胶体的产品，如果后续碰到含有不少粉体的防晒霜，就特别容易发生搓泥的状况。所以油性皮肤早晨可以挑选轻质液体的精华产品，干性皮肤则可以挑选乳液或者霜状产品，而胶冻类产品则需要小心搭配。

防晒课堂Q&A

Q：防晒霜擦完之后必须等20分钟才能出门吗？

A：只要形成了均匀一致的膜之后防晒霜即可发挥作用，这些物质并不需要“激活”。以前之所以强调20分钟，是因为早期的化妆品科技很难做到快速成膜，无法很快分布均匀，彻底贴合皮肤。随着科技的发展，挥发性硅类的使用和剂型成分的开发，防晒霜更加易用，迅速形成保护膜，因此不一定遵循20分钟的古老原则。

TIPS 2

滋润产品尽量不要涂太多，过多的滋润产品只会让后面防晒霜均匀成膜的过程变得非常漫长，而且对于出油和出汗多的人来说，涂过多滋润产品也容易让防晒霜成膜不够稳定，更容易脱落和不均匀。过于复杂的叠加会增加防晒霜浮油、搓泥的可能性；过度烦琐的准备程序，涂过多油腻厚重的滋润产品，有可能让皮肤被更多油脂型成分“浸泡”，导致后续的防晒产品无法充分挥发和附着，降低许多防水型防晒霜的附着力。这是防晒产品与皮肤的矛盾，请谨慎对待那些层层叠叠的护肤流程，最好的方式就是精简防晒产品之前的护肤步骤。

早上最重要的事情就是保湿、抗氧化和防晒，只要做到这三点便足够，在使用防晒霜之前尽量仅用两种左右的功效型产品达到我们所期待的效果。市面上也有许多强调保湿和抗氧化的防晒产品，在这样的情况下基础滋润产品则可以减少甚至不用。

中干性肌肤适用

Estes Lauder Nutritious vitality8 Radiant Dual-Phase Emulsion

雅诗兰黛红石榴鲜活亮采双融乳液

产品特点：红石榴与人参精华起到抗氧化效果，水乳合一的特性保证了一定滋润度，适合中干性皮肤防晒前使用。

DHC OLIVE ESSENCE

DHC橄榄原力精粹

产品特点：温和又清爽的保湿成分配方，加上招牌的橄榄多酚以及富勒烯、维生素C衍生物协同合作，发挥理想的抗氧化效果，尿囊素和一系列植物提取物镇定皮肤，减少紫外线损伤。

Prime加强型准备

在介绍防晒原理的时候我们讨论过，无论多么强大的防晒产品，即使是SPF100的产品也表明有1%的紫外线能到达皮肤。随着时间的推移防晒霜的防护能力也会慢慢减弱或者防晒膜被破坏，那么对这些“漏网之鱼”的紫外线要怎么应对呢?

我们可回顾一下紫外线损伤的实质：紫外线对皮肤最严重的伤害即是造成的DNA破坏，从而导致氧化应激压力增加。很多实验证明，皮肤涂抹一些抗氧化和镇定成分的产品能够有效减少紫外线损伤，使用含有抗氧化和镇定成分的滋润产品作为打底有如下优点：

1. 减少紫外线所导致的自由基产生的二次损伤。
2. 改善皮肤出油后的肤色暗沉问题。
3. 减少晒黑、晒伤的可能性。

油性皮肤可以考虑质地清爽的抗氧化修护型精华，因为质地厚重型产品中的各种油性成分混合皮肤分泌的皮脂，容易影响后续防晒霜的附着能力。

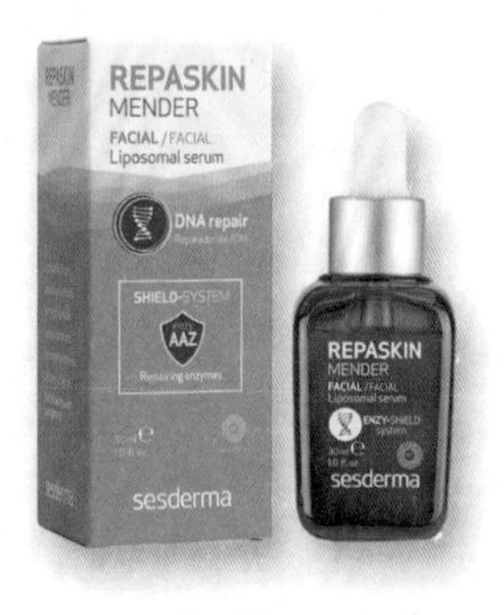

Sesderma REPASKIN MENDER liposomal serum

Sesderma光损伤修复精华

产品特点：非常清爽的啫喱质地，使用了脂质体包裹营养成分的技术，让有效成分更紧密地贴合皮肤；多种氨基酸，配合二裂酵母溶胞物修护皮肤，以及多种对抗光损伤的专利——拟南芥提取物、微球菌溶解物、浮游生物提取物共同作用，减少紫外线对皮肤细胞的损伤。

中干性皮肤可以考虑 VC 或者 VC 衍生物

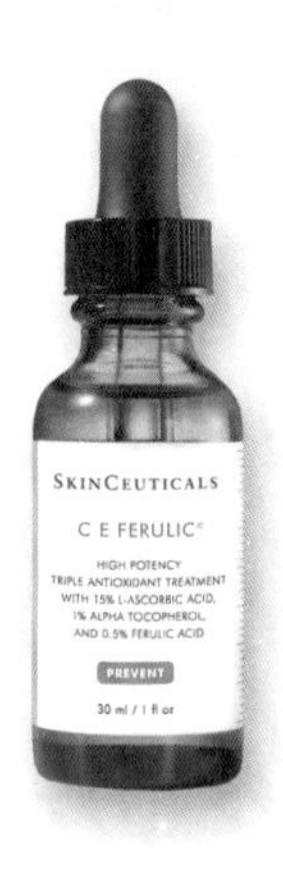

SKINCEUTICALS C E Ferulic

杜克/修丽可维生素CE复合修护精华液

产品特点：专利配方结合了维生素C、维生素E和阿魏酸，实验室证明能大幅减少紫外线损伤，配合防晒霜使用能够有效增强皮肤对紫外线抵抗能力。

F=Fix+Fulfill

这一步我们需要调整涂抹防晒霜之后的皮肤外观，毕竟我们并不想用脸上的油光和泛白告诉大家自己用了不适合的护肤品或者彩妆。

Fix涂抹防晒霜

在使用了适合的打底产品之后，我们就可以涂抹防晒产品，准备好接受紫外线的挑战了。但是这场战争才刚刚进行到准备弹药的阶段，现在让我们进入防晒霜的涂抹环节。

很多人不喜欢使用防晒霜的原因，主要还是防晒产品无法与皮肤磨合。许多防晒产品擦在脸上，不是干燥就是油腻，不是泛白就是泛黄，要么反光要么搓泥，好不容易擦完之后，过一段时间还暗沉、拔干或者狂冒油。

怪就怪每个人皮肤性质迥异，没有一款产品适合所有的人，然而紫外线这样强大又无孔不入，而我们目前的防晒霜制造科技还有待完善，所以想要得到有效的保护，不得不在使用感上做一些牺牲。

当然，除了挑选一款防护能力足够，且质地颜色适合自己的防晒霜之外，我们还应该着眼于防晒霜要怎么擦，才能既达到防护效果，外观又可以让人接受。

擦够量

按照防晒测试采取的防晒霜使用量2mg/cm²，以我们的面部面积来计算的话，大约是0.8～1.2g，平均值大概是1g，意味着一瓶30ml的防晒霜如果每天使用1次，应该在1个月内使用完，回顾一下自己多久能把一瓶防晒产品用完，就能大概估计是否擦够量。

如果想要有一个更直观的感受，也可以买一个电子称来称量一下自己使用的防晒霜1g的份量究竟有多少。

对很多油性皮肤来说，要涂抹大量的产品确实有点困难，那么我们可以分两次涂抹将防晒霜涂完，用这样的方式，第二次涂防晒霜是第一次的有效补充，强化防护膜。但是如果产品容易搓泥的话，两次涂抹法会让搓泥的风险大大增加。

防晒课堂Q&A

Q：为什么防晒霜要涂这么大的量啊？

A：从防晒成分发挥效能的角度来说，必须要让一定量成分附着于皮肤上才能发挥足够的防护效果。正如之前所说，防晒霜是一定比例的防晒成分加上各种滋润和剂型成分的结合，这些辅助成分不仅可以稀释、缓冲、溶解、稳定和包裹这些有效成分，里面的保湿剂、滋润剂和抗氧化镇定成分还同时提供足够的滋润和镇定功能，减少紫外线二次伤害。

按照各个国家防晒产品的管理条例，防晒剂的浓度上限有一定限制。假如我们可以直接用未稀释的防晒剂涂在脸上，自然不用涂那么多，但是浓度太高有刺激皮肤的风险。

防晒课堂Q&A

Q：眼部需要使用防晒霜么？一般的防晒霜能否用于眼部？

A：众所周知，眼部皮肤更加薄弱，因此更容易受到紫外线的伤害，导致皮肤松弛和皱纹。所以眼周一定要用防晒产品！

化学防晒霜使用在眼周之前，需谨慎地在下眼睑处试用，观察是否有不良反应。某些含有酒精的防晒霜使用在眼周可能会造成角膜刺激，表现为睁不开眼、流泪。纯物理防晒霜相对更安全，但由于每个人敏感度不同，所以不论什么防晒霜，在使用之前都需要进行敏感测试。

防晒霜涂抹方法

脸部和颈部

1.取适量防晒霜均匀点在脸部和颈部，不要忘记后颈和耳朵。

2.轻拍点开。

3.顺同一方向用手指涂抹均匀。

身体

1.取足量防晒霜涂抹于身体裸露部位，不要忘记肘部和膝盖。

2.顺同一方向涂抹均匀。

3.户外活动2～4小时之后补涂。

擦防晒霜的手法

最合适的擦防晒霜的手法就是刷墙式，就算大家自己没有刷过墙，也应该知道刷墙的方法吧：用滚筒按照特定的方向，涂一条一条平行的线，这样才均匀无痕。所以请赶紧忘掉双掌一合，在脸上揉面团的涂抹方式吧！

无论这个防晒霜是否会“搓泥”，都应该往同一方向，用手指抹匀；或者更精细一些，把防晒霜当成粉底，用轻拍点开的手法，这样那些泛白或者带润色的产品就更容易擦匀。

又或者，你也可以借鉴很流行的一类产品——气垫粉底的上妆思路，用专门的气垫粉扑来涂抹防晒霜，只要掌握好使用量（也就是说考虑到粉扑本身可能会吸附一部分产品的情况下加大使用量），会有更均匀的效果。这个方式更适合那些带有一定润色，不太容易涂匀的乳霜状产品；而双层液体也就是使用前需要摇匀的防晒液则不需要考虑这种方式。

防晒课堂Q&A

Q：隔离可以代替防晒霜吗?

A：首先纠正一个概念，只要产品中含有浓度适当、配伍合适的防晒成分，无论叫作隔离、BB霜、防晒霜、化妆下地，擦够量都有产品标示的防护能力，不！用！纠！结！它！叫！什！么！名！字！当然可以代替防晒霜使用。

Fulfill 修整外观

这一步我们需要调整涂抹防晒霜之后的皮肤外观。

很多物化结合的或者物理的防晒霜刚涂抹完，会有轻度的泛白，尤其是那些粉体含量比较高的产品，或者是你自己本身皮肤色调比其他人深一些。

部分产品涂抹之后等待10～15分钟，随着防晒霜充分与皮肤融合，会有一定程度的改善；而另外一部分产品，足量使用确实会造成与肤色无法调和的突兀感。不喜欢这种反差的话，可能需要后续使用粉妆产品来修整外观。

另外，许多防晒产品刚涂抹完毕都会有泛油光的情况，等那些需要挥发的成分挥发之后，情况会大大改善。擦完后等够15分钟，急的话用轻柔的风吹一吹面部也可以，之后再进行下一步的调整。

如果一款防晒霜擦匀之后也等够了15分钟，在不出汗的情况下，它停留在你脸上的外观基本上不会有太大的变化。之后随着时间的推移，皮肤出油、出汗后又会变得很难看，这个时候我们可以采取一些适当的修整措施，例如最简单的方式就是刷一层散粉。本身粉妆就有非常微弱的防护效果，在这里主要是调整肤色；可以使用深一点的散粉中和偏白的防晒霜，起到定妆效果，同时又强化这层防护膜，对于油性肤而言还能控油。

定妆粉

Cle de Peau BEAUTE Refining Pressed Powder

肌肤之钥CPB光颜粉蜜LX

产品特点： 轻盈却定妆效果极佳的产品，接近透明的妆效。

MAKE UP FOR EVER High Definition Powder

玫珂菲清晰无痕蜜粉

产品特点： 细腻、轻薄、透明的蜜粉，持久控油，妆效维持能力好。

KOH GEN DO UV Face Powder

江原道高防晒美肌散粉

产品特点： 粉质细腻，独特的蘑菇头一体设计非常便于随身携带使用。

很多人有使用粉底的习惯，那么防晒产品的使用顺序是在护肤的最后一步，彩妆的前一步。隔离和饰底乳按理说应该使用在防晒产品之后，但是使用了足量的防晒产品，再使用隔离类产品可能会有一些难以融合，或者需要等待很长时间才能进行下一步上妆。如果防晒产品与后续粉底没有冲突（如不好涂抹或搓泥），完全可以跳过隔离这一步，直接在防晒产品之后使用粉底。

LANEIGE Skin Veil Base EX SPF22 PA++

兰芝雪纱丝柔防晒隔离霜

产品特点：紫色的妆前产品有助于改善肤色暗黄状态。

一般来说，粉妆多多少少有一定的防护能力，能够强化防护膜的防护体系，如果使用足量的防晒霜之后粉妆也擦得均匀一致，那就达到了外观和防护能力兼具的效果。

除了专业的粉底液，许多BB霜、CC霜也是防晒霜的最佳搭档，它们本身就做得很像防晒霜，使用的防晒成分浓度也和专业防晒霜如出一辙。如果能合理挑选，在彼此的防晒成分没有冲突的情况下，调和防晒霜和BB霜的比例，也能达到较好的防护效果。

BB 霜

KOSE SEKKISEI WHITE BB CREAM SPF40 PA+++

高丝雪肌精美白BB霜

产品特点：清爽质感，防护体系稳定，适度的润色达到提亮和遮瑕效果，同时也能完整保留雪肌精系列的汉方植物成分，改善皮肤质地。

CC霜

IOPE AIR CUSHION XP
艾诺碧 水滢多效气垫粉凝霜

产品特点：掀起全球美妆热潮的气垫 粉 底之开山鼻祖，正是韩国爱茉莉集团的这款产品，也是该集团旗下畅销单品，提供清透又适度遮瑕的效果，气垫的设计非常适合补妆使用。

若能有一款防护力靠谱，又适合自己肤色的BB/CC霜，就算以防晒霜的标准足量涂抹后也不会“面具脸”，那恭喜你找到了“一步到位，多效合一”的理想底妆，祈祷它不要停产吧。

擦防晒霜如果要较真，确实有很多讲究的地方，和画个精致的妆容难度不相上下。你觉得这样就能一劳永逸了吗？当然不能，我们还有功课要做！

防晒课堂Q&A

Q：冬天需要补擦防晒霜吗？

A：冬天阳光并没有那么强，脸部也不那么容易出汗，夏天的油性皮肤到了冬天也不太容易出油，所以皮脂对防晒层的破坏力也没有那么强。使用稳定型防晒产品的情况下，类似花妆的外观出现就表示防晒层已经被破坏，可以考虑补擦。如果每天都呆在室内，可以减少补擦的频率，甚至不补擦也是可以的。

R=Reapply+Repair

Reapply防晒霜的补擦

其实我和大家一样，对防晒霜这种“需要随身携带，隔不了多久就要从包里掏出来补擦”的设定感到很麻烦。我们来看一下，为什么需要补擦。

为什么需要补擦防晒霜?

首先是防晒成分的效能问题。防晒霜中的有机成分，也就是我们俗称的“化学”防晒，是通过吸收紫外线发挥效果的，当然能量是守恒的，吸收的这些紫外线的能量去了哪里呢？转化成热能，这个过程有可能会导致防晒成分的结构改变，从而失去效果；不过现在的技术改进之后，复合配方的防晒体系比以前稳定了许多，所以请尽量挑选那些新型稳定配方的防晒产品。

其次是防晒霜成膜的稳固性问题。随着时间的推移，皮肤分泌皮脂和汗水通过毛孔推送到皮肤表层上，久而久之混合了汗水、皮脂的防晒膜的完整性就遭到了破坏。

这两个因素中，后者占了很大比重。使用不防水防晒霜的情况下，如果出汗到滴下来，就应该考虑补擦了。出油一般比出汗要缓慢很多，均匀出油对于防晒层的破坏没有汗水那么严重。

我们究竟应该在什么时刻补擦?

根据一些国际公认的大型非营利组织，如WHO（世界卫生组织）和AAD（美国皮肤科学会）的指南：持续在户外活动时应该每隔2～4小时补擦一次防晒霜。

这个防晒霜补擦法则，是建立在20世纪80～90年代的防晒科技基础上得出的结论。回顾当时的防晒科技，主流防晒霜使用的都是一些古老的不太稳定的防晒成分，它们的特性是遇光之后会慢慢分解破坏，所以两个小时之后补擦是非常必要的。

随着科技的发展，现在的防晒霜制造科技强调的是稳定和防水，从而减少补擦次数，便于使用。精细化工行业已经开发出了很多稳定型的防晒成分，而那些传统的不稳定成分也有很多稳定技术，例如稳定型淬火剂的使用和微胶囊包裹，让它们能够多抗几个小时。如果使用含有稳定技术的产品，可以适当地延长补擦的时间。

稳定型防晒产品

LANCASTER SKIN THERAPY SPF50 PA+++

兰嘉丝汀理肤银杏隔离霜

产品特点：多种防晒成分共同稳定BMDBM，同时达到广谱防晒，皮肤损伤降到最低。

防水型防晒产品

Shiseido ANESSA perfect UV sunscreen SPF50+ PA+++

安热沙金瓶防晒霜

产品特点：最经典的金瓶防晒霜，永远在日本卖断货甚至限购的人气产品，不仅防水能力强悍，质地还非常清爽。

轻薄型防晒产品

Lancome UV EXPERT XL-SHIELD

兰蔻轻呼吸防护乳

产品特点：得益于欧莱雅集团得天独厚的技术，防晒能力强且保证广谱，质感每年都在不断升级，变得越来越轻盈，抗污染配方减少有害物质附着于皮肤。

唇部防晒产品

URIAGE BARIÉSUN Lipstick SPF30

依泉防晒隔离唇膏

产品特点：多种修护型植物油脂，包括鳄梨、乳木果、杏仁，配合抗氧化VA、VC、VE，本身就是非常出色的滋润型润唇膏，加上两种防晒成分构成完整的防护体系，适合每日使用，减少因为紫外线暴晒导致的唇色变深的状况。

回到这个严肃且复杂的问题上来，我们需要在有效防护和简便易行这个天平的两端寻找一个平衡点，在不同的情况下采取不同的策略。

持续接触阳光，且皮肤裸露无保护的情况下，应该2～4小时补擦一次防晒霜，如果大量出汗或者游泳之后，应该立刻补擦。

间断接触阳光的情况下，比如平时上班、上学的日子，我们只在早晨和傍晚接触到户外的紫外线，如果在室内活动，也没有出很多的汗的话，一般下班或者下课之前补擦一次即可；如果中午需要出门活动，尤其是接触到夏天正午的紫外线，在出门前应该补擦一次。

如果使用的是纯物理或者是物化结合的防晒产品，尤其是使用有润色或者泛白的粉体的产品，其实很容易从外观上分辨脸上的防护膜是否完整。当出现类似浮粉的外观时，就是提示你这一层防晒层已经破坏，需要补擦防晒霜了。

补擦防晒霜的方式

正如之前在“Prepare准备篇”说过的一样，防晒霜要擦在干净平整的皮肤表面，当脸上混了汗水、皮脂、粉底、防晒霜等各种成分时，直接补擦防晒霜自然也不会好看到哪里去，条件允许的话，洗个脸重来，这样防护力完整，外观也好看。

但我们并不是随时随地都有条件洗个脸重来，所以在不方便的情况下，直接拿出防晒霜涂抹于皮肤，只要擦匀，比不补擦肯定要好一些。带了粉妆或者担心皮肤反复清洗导致角质损伤的朋友，先不考虑那么多，只要把防晒霜擦匀，就是一层良好的防护层。

不过需要提醒的是，这样做在防护方面是没有问题，但是并不代表别的方面就令人满意，在黏附了各种灰尘、皮脂的防晒层上直接补擦一层防晒产品，大大增加了皮肤长痘和过敏的风险，且对后续防晒产品的卸除也是一个挑战。这样看来，方便和高效还真是不可调和的矛盾。

比较折中的方式是使用卸妆型湿巾，轻柔擦拭面部后再用普通纯水湿巾擦一遍避免清洁剂残留，再使用少许基础的滋润产品，之后足量擦一层防晒霜。身体防晒产品的使用并不需要如此讲究，直接足量涂抹于身体皮肤即可。

带妆的朋友确实没办法在粉底之外上一层防晒霜，所以可以考虑用粉饼

卸妆湿巾

KOH GEN DO CLEANSING SPA WATER

江原道卸妆巾

产品特点： 温泉水配合，弱酸性配方，恰到好处的卸妆力。

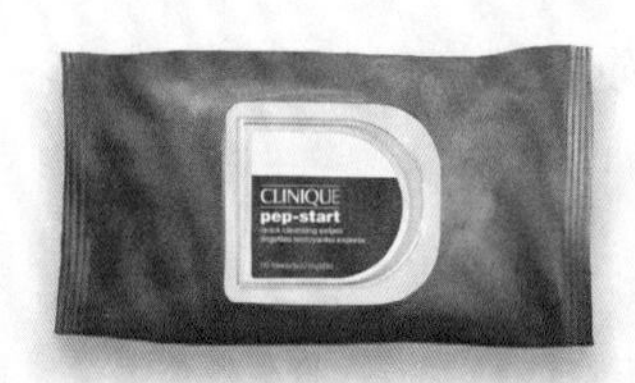

CLINIQUE pep-start quick cleansing swipes

倩碧活力免洗洁面巾

产品特点： 镇定和抗氧化成分配合，清爽质感，擦拭皮肤后无需水洗即可使用护肤品。

补妆。粉底产品本身就能提供一些防护能力，补一层粉也能起到一定的物理遮盖效果，或者按照上面的方式，使用便携式防晒粉来进行补擦。

关于带妆补擦的问题

理论上说，大分子的二氧化钛和氧化锌，能达到全波段的防护，粉妆根据使用的粉体的量和颗粒大小，能够达到部分或者完全遮盖皮肤的效果，因此防晒能力得到进一步的强化。

粉妆（包括粉底、散粉等有遮盖效果的彩妆）使用的剂型成分本身也需要充分成膜、持久不脱落，并配合一些控油的粉体，达到吸收水分和皮脂的效果，换句话说就是“增强了底妆下面防晒层的防水、防汗能力”。

所以情况变得明朗起来了，即：粉妆不仅能够增强防晒效果，还能增强防晒的持久能力。至于能增强多少，要看粉妆本身的遮盖能力、其中是否使用了其他的防晒成分和粉妆本身的持久度。

防晒课堂Q&A

Q：搓泥以后妆花了怎么办？要重新补防晒霜然后补妆还是直接补妆就可以？

A：首先我们要确定一下“搓泥”具体发生在哪一步，是化妆的时候搓泥还是化完了之后几个小时开始搓。

如果是刚擦完防晒霜后上妆时搓泥，有时候是两个产品之间的先天矛盾，无论中途间隔多久，都有可能相互作用形成无法涂布均匀的不规则胶体，那么建议先更换防晒产品。有时候是因为间隔时间不够，可以涂完防晒霜后用轻柔的风吹一下，等油光感消失后再考虑使用粉底类产品。

如果是上妆之后一段时间出现类似脱妆的情况，那么在脸上非常不均匀的粉体分布情况下，想要把粉妆补得很均匀也是不容易的事情，重新来过吧。

最后关于补擦的问题的总结，希望大家记住一个在户外活动的准则，紫外线越强烈，温度和湿度越高，越需要频繁地补擦，因为没有100%的完美防护力。如果实在很不方便，那么出门立刻准备物理遮蔽手段，例如阳伞、帽子、墨镜、口罩。

暴晒的时候一定要留心，不可以忘记补擦防晒霜。日常通勤忘记补擦，问题不会那么快浮现出来，顶多是积累了一些光损伤；而烈日下忘记补擦防晒霜，会导致晒伤、脱皮，后患无穷，影响深远，让你悔不当初。

Repair夜间修护

日间的活动，紫外线和空气污染都有可能产生一定量的自由基，皮肤遭受的自由基损伤，可以简单地分为内源性和外源性两种。外源性损伤，由诸如紫外线暴露和污染等外部因素引起；内源性损伤，由诸如机体自身代谢和呼吸过程等内部因素引起。

虽然两种氧化应激是同时出现，但外源性损伤会加速内源性损伤的过程。皮肤通过夜间睡眠循环来修复累积的自由基损伤并重建被破坏的防御系统。随着年龄的增长以及环境侵害的不断加重，皮肤累积了过多的自由基损伤，夜间修复的效率逐步降低，从而导致健康细胞的寿命缩短。

所以夜间使用相应的修护产品，可减少日间积累的损伤。

对抗光老化

SKINCEUTICALS Resveratrol B E

杜克/修丽可肌活修护夜间精华凝露

产品特点： 白藜芦醇、VE、咖啡因、黄岑苷、烟酰胺几个有效成分构成了稳定的抗氧化修护体系，有效清除阳光引起皮肤产生的自由基。

对抗光老化

ESTEE LAUDER ADVANCED NIGHT REPAIR

雅诗兰黛特润修护肌透精华露（第六代）

产品特点： 雅诗兰黛的明星产品，使用了最新的科技修复光损伤，且有不错的滋润能力减少皮肤干燥，适合所有皮肤。

IOPE BIO RETINOL

艾诺碧 碧奥生源抗皱紧致精华乳

产品特点： 视黄醇为主打的夜间精华，能有效逆转光老化。透明质酸改善皮肤干燥，适合不敏感的成熟皮肤。

CAUDALIE VINEXPERT FIRMING SERUM

欧缇丽紧致提升精华液

产品特点： 稳定型白藜芦醇在夜间修复白天积累的光损伤，胜肽紧实皮肤，坚果蛋白滋润缓解细纹，适合成熟皮肤使用。

C=Cleanse+Calm

“最简单标准就是皮肤摸上去是否有膜感”

Cleanse防晒霜的清洁

其实防晒霜的清洁并不复杂，就是看这个产品的附着力如何，能不能被日常的洁面洗掉，下面4个因素决定了你需要用怎样的方式清洁。

产品本身的防水防汗能力

有些产品标明了防水效果，那么它对皮肤的附着力就会比较强，不过也有很多产品就算没有特别强调，也有不错的防水能力，那就需要用比日常清洁更强力方式卸除，例如卸妆+普通清洁这样的双重清洁程序。

皮肤本身性质

干性皮肤由于皮脂分泌不旺盛，对防晒膜的破坏较少，随着时间的推移和环境的考验，防晒霜的成膜和收敛效果会更明显，也就是俗称的“拔干”，建议使用卸妆产品。

外界干扰

湿热的环境会增加皮脂分泌的速度，加上外界环境中过多的水分，导致皮肤上的防晒层更容易被破坏。如果你本身出了很多汗，防晒层的破坏明显要比干燥阴凉的环境下大。简而言之，干燥阴凉的环境下需要更强效的清洁，而湿热环境下无需过分清洁皮肤。

清洁产品

不同的清洁产品清洁力有很大的差别，需要结合具体情况判断。例如同样是泡沫洁面乳，皂基为主的配方就远比其他配方清洁力要强，洗净效果也更好。而同样是卸妆产品，卸妆油和卸妆霜的卸妆能力也高于卸妆水。

大家经常难以判断某款产品是否需要用专门的卸除手段。之所以出现这样的困扰，说到底是因为没有一种适合所有人的防晒霜清洁标准，所以我们最好还是结合上面的情况，根据清洁过程中自己的感受来判断及调整。

判断防晒霜是否洗干净的最简单标准就是皮肤摸上去是否有膜感，但是有时候过度清洁造成皮肤过于干燥，也会产生类似的感受，所以需要结合泼水试验来判断是否有产品的残留。具体方法是在脸上轻轻泼一些水，如果水既不会聚集成股流下，也没有明显的一颗一颗的水珠挂在皮肤上，即表示皮肤处于干净的状态。

特别是使用物理防晒产品或者物化结合的防晒产品（也就是有白色或者润色效果的防晒产品）后，更应该注意皮肤是否清洁干净，可以重点观察鼻翼处是否还有白色或者肤色的产品残留，如果有的话，建议还是多加一道卸妆的程序，卸妆油、卸妆啫喱或者卸妆乳都可以。

卸妆清洁

VICHY Beautifying cleansing micellar oil

薇姿温泉纯净温润洁颜油

产品特点：温和柔润质地，容易乳化清洗。

Paula's Choice Earth Sourced Perfectly Natural Cleansing Gel

宝拉珍选大地之源洁面凝胶

产品特点：有卸妆效果的洁面凝胶，清洁力强却足够温和。

卸妆清洁

Eucerin refreshing cleansing gel

优色林舒安清润洁肤晶露

产品特点：清爽凝露质地，使用非皂基温和清洁成分——烷基葡糖苷，有一定卸妆能力，却又保持了极佳的温和度。

Calm 镇定皮肤

在接受了高能量的紫外线照射，尤其是在烈日下活动了数小时之后，就算防晒霜的防护能力再强，也会有一些漏网之鱼的紫外线对皮肤产生伤害。

最常见的就是发红，尤其是那些皮肤比较白皙的人，自身皮肤的黑色素较少，能产生的保护也少，对于高能量的UVB更敏感。

皮肤接受紫外线辐射后产生发红的现象，用专业的词汇来描述就叫作红斑效应（Erythema），这也是紫外线防护的最终评判标准，只要皮肤产生红斑，说明这一次的紫外线防护失败。

失败的后果是什么呢？皮肤干燥、脱皮甚至出现发烧等情况，还会产生一些不可逆的损伤，甚至持续发红无法消退，这就是典型的晒伤反应。轻损伤就算恢复，也会日积月累对皮肤产生伤害，反复的紫外线损伤会导致皮肤干燥、皱纹、斑点，甚至增加皮肤癌的发生概率，幸好对亚洲人而言，皮肤癌发病概率很低。

唯一的收获，就是身体合成了一些维生素D，如果裸露皮肤面积够大的话，或许产生的维生素D量足够用几天了，但是在无保护的情况下暴露在烈日中获取维生素D是一笔非常不划算的交易，具体内容在本书的另外篇章中已详细讲述过。

当皮肤产生明显的紫外线损伤也就是发红的时候，我们应该尽快找到一个能够有效提供遮蔽的场所，并在到达这个场所的途中使用物理遮蔽的手段，例如衣物、帽子和太阳伞来遮盖住皮肤，避免继续暴露在紫外线下扩大伤害，随后开始我们的镇定程序。

第1步 清洁

彻底清洁皮肤，将皮肤上的皮脂、灰尘和化妆品彻底清除，才有助于接下来镇定措施的开展；用流动的冷水清洁，本身也能起到一定降温的作用。

如果身边有冰块的话，冰敷是一种很有效的降温镇定手段，隔着一块毛巾或者塑料袋敷于面部和身体皮肤，或者是直接在皮肤上来回滑动。冰敷的时间无需太长，10～15分钟即可，然后擦上温和的保湿霜，这是最简单的镇定皮肤手段。

使用可以镇定缓解皮肤过敏症状的产品来帮助皮肤自我修复，质地清爽的液体或者啫喱状产品比较好，有利于皮肤散热，如果事先冰镇一下则效果更佳。这个时候尽可能选择那些温和无负担的产品，减少不必要的刺激成分。

皮肤对紫外线比较敏感的朋友可以常备一些专业晒后修护的产品，以备不时之需，例如下面几类产品：冰镇活泉喷雾，保湿面膜，配方温和的保湿霜、修复霜。

使用原则和顺序如下：轻度的晒红使用活泉喷雾和保湿霜即可；而伴随着皮肤干燥则需要使用保湿面膜；如果皮肤明显红肿、发烫可以使用修复霜，必要时需在医生指导下使用药物。

镇定肌肤

URIAGE THERMAL WATER

依泉舒缓保湿喷雾

产品特点： 从阿尔卑斯山脉萃取的天然等渗活泉喷雾，是依泉最重要的产品，多种高浓度矿物质起到修护皮肤屏障的能力，天然等渗的特性也和体液非常接近，保湿效果出色，用于晒后修复能够起到及时镇定舒缓、减少炎症反应的效果。

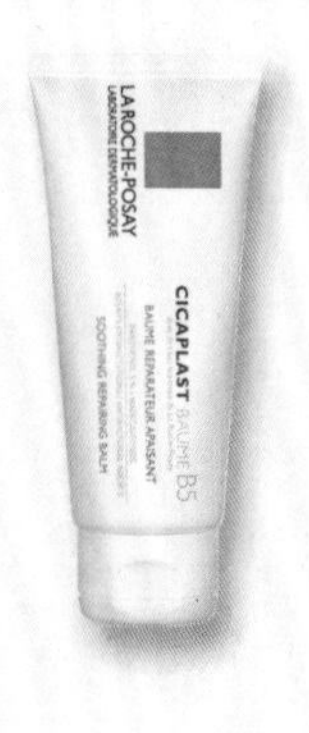

La Roche-Posay Cicaplast Baume B5

理肤泉B5多效修复霜

产品特点： 高含量的维生素B5舒缓镇定皮肤，积雪草精华加速皮肤修复进程，配合微量元素和乳木果油保湿修护，改善受损肤质。

VICHY Thermal Spa Water

薇姿润泉舒缓喷雾

产品特点： 高浓度的钙、铜、铁、锰能强化皮肤屏障，促进皮肤自身修复。

镇定肌肤

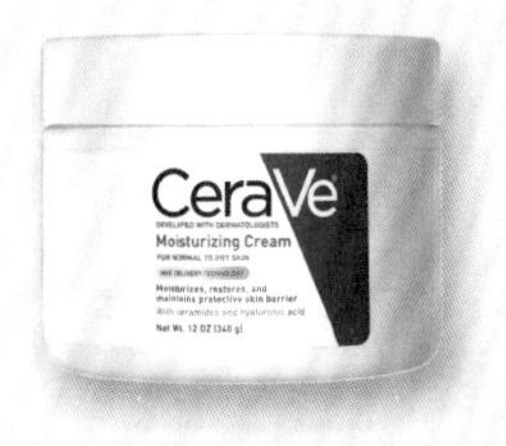

CeraVe Moisturizing Cream

肌润源补水保湿润肤霜

产品特点：多种神经酰胺与透明质酸配合，结合他家独有的MVE专利，缓慢释放，持续保湿，起到促进皮肤屏障修复的效果。

薇诺娜 舒敏保湿丝滑面贴膜

产品特点：温和无负担，添加有镇定效果的马齿苋提取物，舒缓皮肤损伤。

这些产品各有所长，但是功效都类似，那就是给予皮肤基本的滋润，让皮肤自我修复。但是无论如何都应该用冰块或者其他冰敷手段让皮肤温度降低到正常体温以后再使用这些产品，因为很多镇定产品封闭性比较强，擦上去以后皮肤更难散热。

如果红肿的外观到第二天都不能恢复并伴有脱皮、肿痛等情况，说明晒伤比较严重，需要在医生的指导下使用抗炎药物和外用烧烫伤药物促进皮肤修复。

至此，PFRC防晒法则就已经全部介绍完，希望大家结合自己的情况，用类似的思路指导产品的使用搭配，起到更好的效果。

3.7 食物、药物与光敏性

光敏感反应 Photoallergic Eruption

一般与服用药物、摄入大量感光食物，或者是皮肤接触了某些光感性物质以后，暴露在紫外线中有关，表现为大面积的过敏反应，临床上也叫作光变态反应性药疹。这样的反应一般与迟发型过敏反应有关，临床表现以瘙痒型的丘疹和红斑为主。不光是暴露的皮肤上会有皮肤损害表现，被遮盖的部位也会发生，多见于接受阳光照射后一两天。

最重要的预防措施就是找到诱导光敏感反应的源头，尽量避免再度接触。

自我判断

下面三个问题有助于判断自己是否有这样的特殊皮肤疾病：

1. 暴露在阳光下的皮肤是否有瘙痒的丘疹？

2. 晒太阳之后两个小时，暴露的皮肤上是否有瘙痒的感觉或者有丘疹出现？

3. 是否每年的春季开始出现这样瘙痒的丘疹，并在后续一段时间内慢慢减轻？

如果三个回答都是，那么建议去皮肤科进行进一步的排查和诊断。

上面这些特殊类型的皮炎大多与遗传有关，而正常肤质的人在某些情况下也有可能出现这样的特殊皮肤表现，这些情况的发生更多与食物和药物有关，下面我们就来了解一下食物中的特殊成分和有可能引发光敏反应的药物。

引起光敏的食物

补骨脂素（Psoralen），属于呋喃香豆素中的一种，因为能与细胞结合，使其对UVA敏感，引发细胞凋亡的现象。因此皮肤科利用这个特性，让那些白癜风、银屑病以及湿疹患者服用补骨脂素后用UVA照射，使皮损消退、缓解症状，这个过程叫作紫外线光疗法。

不过对正常皮肤来说，这个效应却是令人讨厌的，因为摄入富含补骨脂素的食物会增加皮肤对光的敏感性，同时长期过量的摄入会增加患皮肤癌的风险，所以无论是从皮肤美白还是健康着想，我们都应该对食物中的补骨脂素留个心眼，不必完全避免，但是需要注意食用量。

补骨脂含量最高的食物中，我们比较常接触到的就是无花果了，除此之外还有香芹、青柠；不光是吃进去，仅是接触到这些植物的汁液就有可能增加皮肤对光的敏感性；这种情况在食品加工人员、超市工作人员以及调酒人员（经常挤青柠汁）中都较为常见。

增加紫外线敏感的食物

茴香籽	香菜种子	胡萝卜	芹菜	细叶芹菜	香菜
芫荽种子	孜然种子	莳萝	茴香籽	无花果	葡萄柚
柠檬	酸橙	拉维纪草	芥末籽	香芹	防风草
根欧芹	青柠				

这些食物中虽然含有容易诱发光敏作用的补骨脂素，但是总体含量比较低，按照正常量来食用很少会发生过敏反应，除非多种类大量食用，才有可能造成一定风险。

如果是担心自己变黑的爱美人士，或是本身很白，容易晒伤，又处于紫外线大量暴露环境中的朋友，就需要对这些食物留个心眼。

光敏性药物

药物的光敏反应是指使用药物后，暴露于紫外线中所产生的不良反应，从发生机制上来说一般分为光毒性反应和光变态反应。导致光敏反应的紫外线主要是波长为290 ~ 320 nm的中波紫外线(UVB)及波长为320 ~ 400 nm的长波紫外线(UVA)。

光毒性反应与免疫系统无关，指的是药物到达皮肤并吸收到紫外线之后变成了激发态，这些变成激发态的分子将能量传递给氧和其他介质，产生自由基等高反应性物质；这些物质损伤机体组织细胞，导致了炎症介质和细胞因子的产生，最终导致光毒性反应。

光毒性反应在吃药后几个小时内晒太阳的情况下会发作，一般表现为过度晒伤样反应，发病急，病程短，消退较快。

光变态反应则是一种过敏反应，是一种获得性的免疫应答，发生率远低于光毒性反应；发生机制则是药物吸收紫外线后变成激发态，这些激发态的分子与蛋白结合成为一种特殊的复合物激活免疫细胞，释放各种细胞因子，进而产生过敏反应。

光变态反应的发作时间较长，一般在服药后几天内发作，类似过敏反应，发病较慢，还会反复发作。

表1　光毒性反应和光变态反应的区别

项目	光毒性反应	光变态反应
发病率	很高	很低
所需药物剂量	大	小
光谱波长范围	窄	宽
首次接触能否发生	可能	不能
反应发生的时间	用药后几小时内	一般有2天左右的潜伏期
反应发生部位	暴露于光照部位	不限于暴露于光照部位
临床表现	过度晒伤样反应	湿疹样表现
有无免疫介导	无	有
有无交叉反应	无	有
能否发展为持久性反应	不能	能
能否被动转移	不能	可能

会引发光敏性反应（光变态反应）的常见药物有下面这些：

- 磺胺类
- 唑类抗真菌药（灰黄霉素、酮康唑、伊曲康唑）
- 喹诺酮类（司帕沙星、氧氟沙星、环丙沙星等）
- 非甾体抗炎药（阿司匹林、水杨酸钠、布洛芬、双氯芬酸等）
- 噻嗪类利尿剂（呋塞米、氢氯噻嗪、双氢克尿噻、氨苯蝶啶等）
- 四环素类（多西环素、米诺环素、美他环素等）
- 维A酸类（异维A酸、阿维A、维胺脂、维A酸软膏、他扎罗汀、阿达帕林等）
- 抗组胺药（扑尔敏、苯海拉明等）
- 氨基糖甙类（氯霉素、庆大霉素等）
- 磺脲类降糖药（格列本脲片、格列吡嗪）
- 抗结核药（异烟肼、吡嗪酰胺等）
- 镇静催眠药（氯丙嗪、异丙嗪、奋乃静等）
- 抗肿瘤药（长春新碱等）
- 钙通道拮抗剂（硝苯地平）
- ACEI（血管紧张素转化酶抑制剂类药物）
- 胺碘酮（多见）
- 奎尼丁
- 卡马西平

皮肤接触的常见光敏性物质

我们先来认识一个概念：光变应性接触性皮炎 Photoallergic Contact Dermatitis （PACD）。

在这里我们讨论的是皮肤在接触了某类物质之后产生的过敏反应，表现为接触光感物质和日光照射的局部皮肤呈光毒性反应，局部皮肤出现晒伤样损害：红肿、脱皮、丘疹、自觉烧灼感和疼痛。

PACD 病因复杂，发病与光和光变应原有关。随着人类对美的追求日益严苛，品种繁多的化妆品、药品、食品和化学材料广泛存在于人们的生产和生活中，户外旅游活动人数的增多，PACD 发病率也在不断上升。

引起光接触性皮炎的常见光感物质有：

化妆品，如香料(佛手柑香油、柠檬油、檀香油)，不纯净的凡士林等。

染料，如依沙吖啶、亚甲蓝、伊红等。

外用药品，如磺胺、苯唑卡因等。

工业品，如沥青。

遮光剂，如对氨基苯甲酸及其酯类化合物、二桔酰三油酯。

皂类一卤化酚类，如六氯酚、三溴水杨酸酰胺等。

香豆素类，如8-甲氧基补骨脂素、三甲基补骨脂素、白芷素等。

荧光增白剂。

目前光敏物质的检测方法有动物试验、光溶血试验、物质光谱吸收峰检测、光变态反应体外检测等。能反映个体对测试物质是否产生光敏反应的试验是在人体身上进行的光斑贴试验，这也是区分接触性皮炎和光变态性皮炎的重要检测手段。

光斑贴试验是在皮肤斑贴试验基础上加一定剂量和适当波长的紫外线照射，敏感机体对斑贴试验物中某些物质产生光敏，受试部位皮肤则可发生迟发型光变态反应，该试验是临床诊断 PACD和查找光变应原的重要方法。

下表是中国疾病预防控制中心职业卫生与中毒控制所毒理室颁布的光斑贴试验的标准对照物。这个试验一般用于职业病研究和排查普通过敏原和光敏性过敏原的区别，试验的结果于2004年11 月由职业病标委会审议通过,将其正式颁布为国家标准。

这个试验仅适用于光变态反应的判断，不适合光毒性物质的判断。不过此试验采用的这些标准对照物，属于世界范围内公认比较容易引发光过敏反应的物质，可供我们平时参考。如果接触的化妆品和化学物质中包含下面成分，则更有可能产生光过敏反应。

表2　常见的职业性光敏性过敏原及其皮肤光斑贴实验浓度

编号	名称	浓度（%）
1	对氨基苯甲酸	5
2	秘鲁香脂	25

续表

编号	名称	浓度（%）
3	硫双二氯酚	1
4	葡萄糖酸洗必泰	0.5
5	盐酸氯丙泰	0.1
6	肉桂醇	1
7	肉桂醛	1
8	盐酸苯海拉明	1
9	丁子香酚	1
10	硫双对氯酚	1
11	甲醛	1
12	香叶醇	1
13	六氯酚	1
14	2-羟基-4-甲氧基苯酮	10
15	羟基香茅醛	1
16	异丁子香酚	1
17	6-甲基香豆素	1
18	葵子麝香	1
19	香料混合物	6
20	盐酸异丙嗪	1
21	四氯水杨酰苯胺	0.1
22	三溴水杨酰苯胺	1
23	三氯二苯脲	1
24	三氯苯氧氯酚	2
25	地衣酸	0.1

3.8 婴幼儿紫外线防护

防晒美容和儿童营养这两个同样重要的内容在人们心目中地位不断提高，对婴幼儿的紫外线防护，似乎让年轻的父母们感到困难重重。一方面，儿童的皮肤更加娇弱，更容易受到紫外线损伤；另一方面，从维生素D合成的途径和保证婴幼儿生长发育的角度来说，应该鼓励婴幼儿多到户外活动，这两者产生了不可调和的矛盾。

我们从婴幼儿的皮肤健康和生长发育机制的角度来讨论这个问题，阳光会对婴幼儿产生什么样的影响呢?

从紫外线暴露的安全性分析，婴幼儿的皮肤更薄弱，对紫外线的抵抗力更弱，更容易产生晒伤、脱皮、红肿等现象。大量的试验证明，在儿童和青少年时期的晒伤，会导致日后罹患皮肤癌的概率比其他人高4～5倍；色素痣作为黑色素瘤这种皮肤恶性肿瘤的良性病变，其发生率也与婴幼儿时期过度的紫外线暴露有关。成年之后，过多的色素痣不光影响美观，也增加了黑色素瘤发生的风险。从视力安全问题角度分析，与成人相比，婴幼儿的晶状体无法有效过滤有害光线，虽然能够隔离紫外线和红外线，但是对高能可见光的蓝光抵抗力较弱。

因此我们应该让婴幼儿减少直接暴露，即正午时分或者是艳阳高照时无保护的皮肤和眼球暴露，避免过多紫外线接触到婴幼儿的皮肤和角膜。

但是从紫外线暴露的必要性考虑，适量的紫外线接触对婴幼儿的生长发育起到了很关键的作用。

从维生素D的产生和作用来看，维生素D具有广泛的生理学功能，是维持身体健康、生长发育的必不可少的物质。

更为关键的是，维生素D的食物来源量远远低于生理需要量，无论是母乳还是动物性食品，每天能够获取的维生素D量常常低于需要量的十分之一，作为一种必须维生素，它的很重要一部分来源是皮肤合成，皮肤接受紫外线照射是最关键步骤。

20世纪中期，因为鼓励日照、强化维生素D食物和补充维生素D，佝偻病在欧美发达国家几乎被根除，而对20世纪80～90年代出生的中国人来说，“鱼肝油”和“AD钙奶”也是我们耳熟能详之物。在过去的这几十年间，尽管对维生素D缺乏的预防和治疗方法有了更深入、更广泛的研究，维生素D缺乏的发生率却并没有得到显著改善。所以预防维生素D缺乏依然是全球范围的主要公共卫生热点，尤其是对婴幼儿而言。

简单描述我们的困扰，那就是紫外线对于婴幼儿来说是一把双刃剑，晒多了不行，不晒也不行，怎样才是适度的紫外线暴露呢？

在不考虑基因和人种的情况下，我们可以看看美国儿科学会的婴幼儿紫外线保护指南是怎么说的。

六个月以下婴幼儿	对于直射型阳光能避则避
六个月以上婴幼儿	尽可能用衣物保护皮肤，且尽可能多呆在荫蔽处，可以使用防晒产品保护裸露的皮肤，最好使用SPF30 以上的防晒产品

这是一个比较简单的指南，且认定每一个婴幼儿都从食物、维生素强化型食物以及维生素D补剂中获取了足够的维生素D。

身为黄种人，我们皮肤中的黑色素更多，对紫外线天然的抵抗力强于白种人，所以皮肤癌的发病率较低；另一方面来说，维生素D的产生效率也低于白种人。国内很多调查报告显示，我国6个月以下的婴幼儿是维生素D缺乏的高危人群，应该鼓励婴幼儿户外活动和补充维生素D。

在适合国情的婴幼儿指南尚未面世的情况下，我们目前只能按照最稳妥的方式，参考美国的防护指南，补充足量的维生素D来保证婴幼儿各方面营养均衡。

有一些妈妈们可能会抗拒，为什么要额外补充维生素D，用宝宝自身的皮肤产生全部人体所需的维生素D不好吗？

这样的想法并没有理论上的问题，可我们总要考虑到天公不作美的情况，例如在高纬度地区的冬季，本身阳光照射就比较少，且UVB辐射不够，如果加上下雨和雾霾的干扰，就算把小宝宝挂在阳台上晾着都没有办法让皮肤产生足够的维生素D。

我国的营养指南规定，0～12月的婴幼儿应该每日摄取维生素D 400IU，而大于1岁的儿童每日应该摄取维生素D 600IU，如果能养成每日补充维生素D的习惯，配合高钙食物和有保护的户外活动，就可以达到两全其美的效果。

如何做到有保护的户外活动呢？我们可以在美国儿科协会指南的基础上做相应的修改。

6个月以下的婴幼儿，应该避免直接暴露在太阳强光之下，基本原则：

1. 避免夏日的正午（10～16点）外出。

2. 外出时如果有太阳直射，应该尽量在伞下、童车下和树荫下躲避。

3. 给婴儿穿上足够多的衣服，用宽檐帽遮挡脸部和脖子，而手掌和手背可以无需遮挡。

4. 衣服的质地最好是编织紧密且宽松舒适有吸汗效果的，避免那些看起来半透明的。如果不确定，购买UPF指数大30的衣服，保证最佳防护效果。

5. 使用防晒产品作为补充手段，选择婴幼儿适合的温和型防晒霜，指数为SPF30以上的最好，有防水防汗效果的更佳，但大量出汗和下水戏耍之后仍需要及时补涂。

防晒霜的使用，尽可能选择那些非有机成分，就是我们说的配方温和的物理防晒霜，减少有机成分也就是化学防晒霜的使用，避免这些成分刺激婴幼儿娇嫩的皮肤。

6个月以上的婴幼儿，使用的最佳防护方式和小一点的婴幼儿一样，首先还是考虑物理遮蔽，避免强烈的紫外线辐射，具体可以参照上面的的原则。对较大的儿童，自己有户外活动的意识的情况下，应该培养每天使用防晒霜的习惯，最好在外出前20分钟使用，在幼儿裸露的皮肤上先涂抹部分润肤霜，再涂抹防晒产品，例如脸部，颈部和手臂，大小腿等部位。

炎热夏季户外活动时更应该注意时间段，最好在清晨或者傍晚时分外出，夏季的儿童衣物如果是厚重的长袖和长裤的话，不利于排汗，势必要暴露身体较多部位的皮肤，因出汗较多而冲刷掉的防晒霜需要定期补擦，而反复涂抹大量的防晒霜一方面令儿童很难坚持，另一方面强调防水能力的防晒产品也增加了清洗的困难。

较大的儿童对于防晒成分的使用则并没有婴幼儿那么多的禁忌，不过在可以挑选的情况下，尽量选择温和型物理防晒霜，这能够有效地减少吸收和刺激导致皮炎的可能性。

此外，注意避免选择喷雾型和散粉式防晒产品，以防儿童吸入体内，某些防晒成分（例如Oxybenzone）有透皮吸收可能，浓度较高时有可能干扰内分泌，也是相应的禁忌，尽量避免含有该成分的产品。

国外也有一些添加了驱蚊虫成分的防晒产品，从安全性角度来说争议较大，如果反复涂抹，会增加相应风险，不推荐这类产品的使用。

婴儿适用

Shiseido ANESSA babycare sunscreen SPF34 PA+++

安热沙儿童户外防晒霜

产品特点： 纯氧化锌配方，适合宝宝娇嫩的皮肤，无香料添加，耐水防汗。

防晒霜的清洁

妈妈们最关心的就是防晒霜如何清洁，尤其是大量涂抹于宝宝的面部和身体皮肤的、强调防水防汗的产品，若使用成人的卸妆油和洁面乳是否会让宝宝娇嫩的皮肤受到损伤？

无论如何，宝宝们可以用温和的专用身体沐浴产品来清洁皮肤，如果担心清洁力不足以让防水产品脱落的话，也可以使用沐浴油类产品；沐浴油的组成与卸妆油类似，都是油性成分含量较大的产品，起到破坏防晒霜的防水层的作用，而且更不易造成宝宝皮肤的干燥。

宝宝身上的防晒霜是否清洁干净的标识和成年人一样：即身上的水珠不会呈现一颗一颗附着于皮肤不掉落的现象，也不会成股流下无法挂住，摸上去没有明显的涩感。

防晒课堂Q&A

Q：宝宝涂过防晒霜需要卸妆吗？要的话用哪种产品卸呢？

A：专门替儿童开发的防晒产品会考虑到婴幼儿的皮肤特点，儿童的皮脂腺远不如成人发达，因此产品会比较滋润，抗汗和成膜能力不会特别强，使用普通清洁产品即可清洁。

如果将那些防水力特别强的产品用于儿童，建议还是使用沐浴油这样的温和产品清洁面部和身体。

维生素D

说了很多关于防晒的内容，在做好了相对较为完整的防护措施之后，这些被保护的宝宝们所面临的问题就是维生素D是否充足。

2013年由中国营养学会发布的《中国居民膳食营养素参考摄入量》中，对中国儿童的维生素D推荐补充量做了相应的改变，相比以前的指南，出现了3个非常明显变化：

1. 维生素D推荐补充量从每天200IU提高到每天400IU，甚至更高。

2. 开始服用时间从出生后2个月提前到出生后即刻。

3. 从婴幼儿补充维生素D，拓展到青春期阶段，涵盖婴儿、儿童和青少年。

目前所推荐的维生素D补充量：婴儿每天400IU、儿童青少年每天600IU，是保证机体骨骼不出现佝偻病或骨软化的基本剂量。考虑到维生素D必须要在适量充足的钙摄入的前提下才能发挥其生理学特性，而我国青少年的钙摄入远不及西方国家，所以不光是要保证维生素D充分摄入，还应该注重含钙食物的摄入，例如牛奶等。

因此，想要让儿童体内有足够的维生素D保证生长发育和身体健康，我们应该注重下面几个方面，而不仅仅是晒够太阳就可以了。

维生素D强化型食物的摄入，额外补充维生素D补剂，这两者缺一不可。摄入含钙丰富的食物，对儿童而言，牛奶是比较理想的选择，还有海产品，芝麻等坚果类食物。

做好紫外线防护、避开正午时分阳光直射的情况下，每周保证4小时左右的户外活动量是比较合理的。

3.9 孕妇和哺乳期的防护

“孕妇不要使用护肤化妆品”这样的概念过于深入人心，使许多化妆品厂商对孕期专用产品的开发一直都处于犹豫不决的状态，很多准妈妈们面对防晒产品也有各种各样的顾虑。

实际上怀孕期间皮肤中的黑色素细胞也随着激素的变化变得过于亢进，甚至有可能产生黄褐斑和晒斑等情况，这个时候黑色素细胞对紫外线较为敏感，需要更加注意防晒。

其次，孕妇的肾上腺机能和甲状腺机能都处于相对亢进的状态，新陈代谢加快，皮肤的血液循环加速，所以相较怀孕前有更多的汗液分泌，皮肤比较湿润，因此需要挑选有一定防水能力的防晒产品，且在高温的持续户外活动时及时补擦。

再者，某些孕妇由于内分泌的急剧变化，体内孕酮和睾酮升高，后者也就是我们说的雄激素；升高的雄激素会刺激皮脂腺分泌，让皮肤变得更油腻，这些多余的皮脂会导致痤疮的产生，多见于那些体重较重的孕妇，过多的紫外线会加重局部皮肤的炎症反应，让痤疮更难控制，所以需要选择相对清爽不容易堵塞毛孔的防晒产品。

理解以上这些皮肤的变化，方便指导我们进行孕期的防晒工作。

准妈妈们的防护策略

其实我们可以参考婴幼儿的防护策略，那就是在充分保护皮肤，尤其是面部皮肤的情况下鼓励一定程度的户外活动。由于面部皮肤是黄褐斑高发的部位，晒斑和雀斑也常常集中在面颊的两侧，在妊娠期间，长斑的风险相对于其他时期显著增加，因此每天做好基本的防护工作是非常重要的。

最简单的原则就是避免在阳光暴晒的时刻外出，外出时尽量使用宽檐帽和阳伞，做好物理遮蔽，无论是否出门每天使用SPF30以上的温和纯物理防晒产品。如果在炎热夏季需要长时间户外活动，还需要注意挑选有一定防水能力的防晒产品，避免使用较为油腻厚重的防晒霜。

哺乳期的妈妈们也可以参考这样的原则：多依赖物理遮蔽，配合有一定防护能力的防晒霜来减少皮肤的紫外线损伤，降低斑点产生的风险。

防晒课堂Q&A

Q：孕妇使用防晒霜有没有禁忌呢？

A：目前并没有明确的证据表明哪种防晒霜不适合孕妇使用，但是出于安全考虑，某些产品会标示禁用于孕妇身上。

从防晒成分的角度来说，只有少数成分会进入血液循环，被身体代谢后排出体外，其中OMC等成分理论上有干扰内分泌的可能性，但是就算擦到非常极端的量，这些成分进入血液的量也小于“可以产生干扰”量的百分之一。

孕妇可以优先挑选纯物理防晒产品，结合物理遮蔽手段；大家出于对孕妇的保护，可以在户外活动的时候采取较为夸张激进的物理遮蔽，例如墨镜、口罩、帽子、伞，全副武装。

孕期是否能用平时用的防晒霜呢？

下面几种防晒成分，经过人体试验证明，可以被皮肤吸收入血液，它们本身有内分泌活性，也就是说达到一定剂量后会干扰内分泌。虽然这些成分在护肤品中本身含量不高，吸收进入体内的比例也非常低，远远达不到能够起到干扰作用的剂量，但是如果你对护肤品的安全性非常注意的话，可以避免在孕期和哺乳期内使用这些成分。

INCI名	商品名或通用名	中文名	缩写
Benzophenone-3	Oxybenzone	二苯甲酮 - 3	B3
Homomenthyl salicylate	Homosalate	水杨酸三甲环己酯	HMS
4-Methylbenzylidene camphor	Enzacamene	4 - 甲基亚苄基樟脑	4MBC
Octyl methoxycinnamate	Octinoxate	甲氧基肉桂酸辛酯	OMC
Octyl dimethyl PABA	Padimate 0	辛基二甲基对氨基苯甲酸ED	PABA

上面这些成分中以Oxybenzone和Octinoxate较为常见，可以详细查看护肤品中是否包含这些成分。

CHAPTER 4

第 4 章

不可忽视的红外线以及可见光

4.1 红外线和可见光对皮肤的影响

红外线（infrared light），简称IR，早在1800年就被发现，指的是波长超过760nm的波段光谱，也就是在红光外面的不可见光波段。

红外光和可见光对皮肤的影响

紫外线、可见光和红外线的关系就是波长从短到长排列，人类的视觉系统只能分辨中间也就是400～760nm波段的可见光，低于400nm的是紫外线，高于760nm的是红外线。

其中红外线也分为三个波段：

红外线A（IRA）波长范围760～1440nm，也叫作近红外线。

红外线B（IRB）波长范围1440～3000nm，也叫作短波红外线。

红外线C（IRC）波长范围3000～10000nm，也叫作长波红外线。

红外光对皮肤的损伤

红外线对皮肤产生损伤也是多方面的，例如热损伤、自由基产生过多、促进胶原分解等。

从分子水平上研究红外线对皮肤产生的影响，结果显示红外线能使细胞内发生多种反应，并在这个过程中形成所谓的“自由基”。

这些自由基会攻击皮肤中的其他细胞成分，进而使皮肤结缔组织遭到破坏，导致皱纹增加。

红外线会提升皮肤中的MMP也就是金属蛋白酶的活性，金属蛋白酶被认为是促进胶原分解的一种重要因素，这就意味着更多的胶原蛋白被分解，导致皮肤过早老化，失去弹性，从而深度损害皮肤。

目前没有公认非常有效的护肤成分能阻止红外线对皮肤的侵入，但是一些抗氧化剂，如维生素C和E以及化学药品（如辅酶Q10），可以帮助修复红外线造成的损害，从番茄中提取的抗氧化剂番茄红素也有保护皮肤的功效。此外，防晒衣和护具也是有效的防护手段。

可见光对皮肤的损伤

可见光达到一定能量，就能激发自由基生成，这样的过程在破坏异常细胞和外来微生物的同时会不会对正常组织产生损伤呢?

正如人们所担心的一样，高能量的可见光也是一种光污染，由激活金属蛋白酶引起的胶原蛋白和弹性蛋白的降解，会导致糖化皱纹的形成及过早老化。损伤机制可追溯到活性氧的形成：单线态氧、超氧阴离子及羟基自由基的产生，增加了DNA细胞损伤。

防晒课堂Q&A

Q：我每天擦防晒霜，但是依然长斑，请问是防晒霜的问题吗?

A：斑点确实是最棘手的问题，因为黑色素细胞不光是对紫外线有反应，还对可见光有反应，防晒产品只能防大部分紫外线，而对可见光无能为力，所以对抗斑点基本上是一生的战斗，用激光类医美消除+日常防护预防复发。防护可不仅仅是涂防晒霜而已，外用美白成分抑制黑色素产生，加速代谢已生成的黑色素；必要时（夏天）内服抗氧化剂（不要超过三个月）。

高能量可见光（High energy visible light，缩写HEVL）是超过 UVA进入电磁波谱(380～500nm)的可见光区域。和其他波长一样，HEVL能穿透并进入深层皮肤，形成自由基，损伤皮肤，导致下列皮肤反应：

1. 炎症反应
2. 色素沉着，黑色素细胞能力活跃
3. 慢性光老化
4. 皮肤屏障受损

有没有发现这些损伤和红外线甚至紫外线其实都没有什么不同呢？没错，它们有个共同的直接打击武器——自由基。自由基在皮肤损伤中起到了非常关键的作用，因此需要一定量的抗氧化成分来淬灭这些有可能产生损伤的自由基，避免损伤效应放大。

除了大分子的无机防晒粉体，如氧化锌和二氧化钛能够屏蔽可见光之外，其他的防晒成分都对可见光无能为力。

其实可以这么理解，为什么粉底和彩妆能够把皮肤本身的色调和缺陷掩盖，正是利用了这些粉体的遮蔽效果。那么既然你看不见粉底下面的皮肤是什么样子，可见光在接触皮肤的时候也会被这些彩妆滤掉了很大一部分。

但是这样的屏蔽型产品既然可以被肉眼看到，自然也就和清爽透明这些特性无缘了。

另外一种能够屏蔽可见光的成分便是黑色素，现在也有商品化的黑色素也就是黑色素低聚体出现在化妆品中，它的防护能力目前尚未有判定标准。

红外线和可见光的矛盾性，让我们无所适从，大规模人群调查显示，我们研究的大样本的“光老化”其实包括了所有波段的光。紫外线、可见光、红外线，严格意义上都参与了这个“促进皮肤老化”的过程，扮演了各自的角色，而紫外线是研究得最多、最透彻的一个因素。随着研究的不断深入，或许我们将会解开红外光和可见光波段的真正奥秘。

4.2 红外线和可见光的正面效应

就像紫外线也有天使的一面，红外线也对人类有着非常重要的积极意义。

我们需要了解光动力疗法这个概念，Photodynamic Therapy，简称PDL，其作用基础是光动力效应。

红外光的正面效应

就像紫外线也有天使的一面一样，红外线同样也对人类有着积极意义。红外线A段（IRA）能刺激线粒体活动，产生更多的ATP，而ATP是新陈代谢所需的能量。近红外线（NIR）刺激DNA的合成和修复，继而影响骨胶原的合成，也能促进肌肉纤维的合成，达到减少肌肉疼痛的功效。近红外线可深入人体组织，升高组织温度，扩张毛细血管，促进血液循环，增强物质代谢，提高组织细胞活力及再生能力。

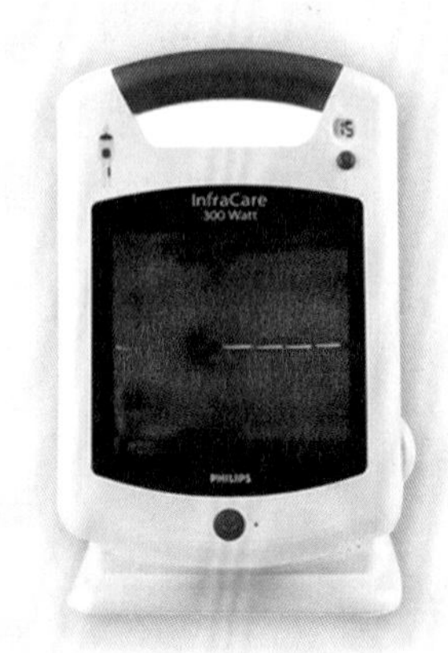

红外线还经常用于治疗扭挫伤，促进组织肿胀和血肿的消散以及减轻术后粘连，促进瘢痕软化，减轻瘢痕挛缩等。例如我们在医院里面看到的理疗灯，就是属于近红外线的医疗型应用。

也有一些美容仪就是利用红外光来促进循环和胶原生长的。通过特定的波长、固定的能量照射皮肤一段时间，达到循序渐进改善肤质的效果，但是这样的仪器目前尚有争议。

可见光在皮肤医学上的应用

我们需要了解光动力疗法这个概念，Photodynamic Therapy，简称PDL，其作用原理是光动力效应。这是一种有氧分子参与的伴随生物效应的光敏化反应：用特定波长的激光照射，使组织吸收的光敏剂受到激发，而激发态的光敏剂又把能量传递给周围的氧，生成活性很强的单态氧，单态氧和相邻的生物大分子发生氧化反应，产生细胞毒性，进而导致细胞受损乃至死亡。这样的疗法可以应用于治疗肿瘤以及病毒感染导致的异常增生、痤疮、白癜风等疾病。

例如现在广为人知的痤疮蓝光疗法，就是应用光动力治疗原理，痤疮丙酸杆菌内源生成的光敏剂卟啉被470nm的蓝光激活，产生光毒环境，转换成的毒性单态氧迅速杀死痤疮丙酸杆菌，清除皮肤上的痤疮。

另外一个和美容关系非常密切的就是激光和光子在皮肤科的应用。

早在20世纪初爱因斯坦曾描述过这种可能性：处于激发态的发光原子在外来辐射场的作用下，向低能态或基态跃迁时会辐射光子。加上光放大的可能性，激光的理论基础在那时就已奠定。1960年世界上第一台激光器——红宝石激光器诞生了，在短短几十年的发展过程中，激光技术无论是在工业还是在医学领域都取得了很大的突破，各种类型的激光应用层出不穷。

医疗激光类仪器的波长范围比较广，从580nm左右的可见光，到1000nm级别金属气体激光，甚至还有10000nm级别的气体激光等。

而我们所说的激光美容治疗是通过能量高、聚焦精确、具有一定穿透力的单色光作用于人体组织；通过在局部产生加温气化或者机械作用等方式，达到去除或破坏目标组织的目的。激光美容可运用于去除皮肤的斑点和痣、改善皮肤质地、抗皱祛疤、牙齿美白、治疗鼾症等各种问题。激光医学是目前医学美容学科的重要组成部分，为那些被色斑疤痕和衰老问题困扰的人们带来了改善的希望。

产品索引